地震作用下的
缓坡液化侧移计算方法

杨彦鑫　　吴　迪　　王伟军◎著

·成　都·

图书在版编目（ＣＩＰ）数据

地震作用下的缓坡液化侧移计算方法 / 杨彦鑫，吴迪，王伟军著. 一成都：西南交通大学出版社，2023.4
ISBN 978-7-5643-9183-6

Ⅰ. ①地… Ⅱ. ①杨… ②吴… ③王… Ⅲ. ①地震液化－研究 Ⅳ. ①TU435

中国国家版本馆 CIP 数据核字（2023）第 034285 号

Dizhen Zuoyong Xia de Huanpo Yehua Ceyi Jisuan Fangfa

地震作用下的缓坡液化侧移计算方法

杨彦鑫　吴迪　王伟军　著

责 任 编 辑	姜锡伟
封 面 设 计	原谋书装
出 版 发 行	西南交通大学出版社 （四川省成都市金牛区二环路北一段 111 号 西南交通大学创新大厦 21 楼）
发 行 部 电 话	028-87600564　028-87600533
邮 政 编 码	610031
网 址	http://www.xnjdcbs.com
印 刷	四川煤田地质制图印务有限责任公司
成 品 尺 寸	170 mm × 230 mm
印 张	12.25
字 数	176 千
版 次	2023 年 4 月第 1 版
印 次	2023 年 4 月第 1 次
书 号	ISBN 978-7-5643-9183-6
定 价	66.00 元

前 言
PREFACE

在地震液化作用下，缓坡场地的地表土体沿着滑动面或朝着临空面产生液化侧向扩展（液化侧移）。液化侧移会造成路基和岸堤的破坏，路基和岸堤出现滑移失稳破坏，会导致地下管道结构物上浮；液化侧移会使建筑桩基产生剪切破坏，基础丧失承载力会导致地表建筑物开裂、拉伸，甚至坍塌；液化侧移会使桥梁桩基础产生剪切滑移破坏，桥梁上部结构可能因此发生倾斜、倾覆破坏；在近岸工程中，液化侧移会导致人工岛不均匀沉降，推动护岸工程（如木桩和钢板桩）和挡土墙等朝着临空面移动，造成护岸工程和挡土墙破坏。因此，液化侧移是工程设计中应当关注的重点。

当液化侧移值较小时，工程设施能够承受一定的液化侧移，无须对场地进行抗震设计；但当液化侧移值较大时，工程结构物可能会产生较大破坏，需对场地采用相应的加固或治理措施。因此，非常有必要对液化侧移的计算理论和其变形特性开展研究，提出相应的计算方法。

鉴于此，本书以砂土液化侧移现象作为研究对象，主要采用数值计算和理论分析方法，研究了在地震引起的液化作用下不同场地的液化侧移值，探讨了在液化过程中的场地动力响应规律，重点分析了场地液化时间对液化侧移的影响，并提出了对应的液化侧移计算方法。研究成果可用于砂土液化场地震害风险评估、基础和支挡物的抗震设计等工程领域。

液化侧移计算理论仍在不断发展中，限于笔者水平，书中难免有不足之处，望各位读者提出宝贵意见。

著　者

2022 年 10 月

目 录
CONTENTS

第 1 章

地震液化缓坡侧移
计算方法综述

1.1　背景介绍

1.1.1　地震砂土液化

砂土液化是岩土地震工程研究的重要课题。砂土液化会对建筑物、桥梁、隧道、路基和其他生命线工程造成破坏。为此科研人员开展了对液化的相关研究，对地震砂土液化现象进行了分析并提出了相应的分析方法。

地震引起的砂土液化指饱水的疏松粉、细砂土在振动作用下突然破坏而呈现液态的现象。当其中的有效应力为零时，砂土发生液化现象。砂土液化造成的震害包括：

（1）喷水冒砂，即砂土和其他受压液体表现出相似的特性，在上覆有效应力的作用下，砂土会从地表薄弱的地方喷出至地面。

（2）砂土液化使地基承载力变低并造成地表结构物的破坏或者倾倒。

（3）岸堤或路堤失稳，由于临空面的存在，砂土液化使岸堤或者路基产生位移，并造成邻近桥梁破坏。

（4）地面沉陷和沉降。

1.1.1.1　喷水冒砂

喷水冒砂现象是典型的砂土液化宏观表现，一般发生在砂层埋深较浅、地下水位较高的平原地区，尤其是河流两岸地势平坦的区域。地震作用时，强烈的振动使土体产生变密的趋势，孔隙水压力急剧增加，地下水从土质松软或存在地裂缝的地方喷出，并夹带着土层中的粉土或砂土一起冒出地面，如图1-1所示，形成喷水冒砂现象。

1.1.1.2　地基承载力降低

地震液化是导致地基承载力降低的重要原因之一。在地震作用下，随着震动的持续，在合适的条件下孔隙水压力急剧增加，按照土的有效应力原理，土颗粒间的有效应力迅速减小，地基土的承载力也随之降低。当孔隙水压力足够大时，有效应力降为零，土颗粒处于悬浮状态，此时地基土的承载力将完全丧失。在这种状态下，该场地地基的上部工程结构将会产生沉陷、开裂、倾斜，甚至发生倾覆破坏，如图 1-2 所示。

图 1-1　砂涌造成地面破坏

来源：美国地质调查局（U. S. Geological Survey, USGS），1989 年洛马普列塔（Loma Prieta）地震。

图 1-2　液化导致地基失稳

来源：新潟日报（Niigata Nippo），1964 年新潟地震。

1.1.1.3　岸堤或路堤失稳

侧移、滑塌也是由砂土液化引发的常见震害形式，通常发生在河岸、路堤、坝堤等地区，如图1-3所示。地震作用时，下伏砂层或粉土层在强烈震动下发生液化和流动，产生滑塌和侧移的震害，甚至引发大规模滑坡。

液化引起的地面流滑可能发生在地势较缓的地区，甚至发生在水平场地。

图 1-3　液化导致湖堤侧向滑动

来源：太平洋地震工程研究中心（Pacific Earthquake Engineering Research Center，PEER），2001 年 1 月 28 日美国尼斯阔利（Nisqually）地震。

1.1.1.4　地面沉陷和沉降

饱和疏松的砂土因强烈震动而固结密实，地面高度随之降低，部分地区地面被积水淹没，在地势低平的滨海湖地区，可能会因为地面下沉而面临洪水倒灌的危险。由于液化使大量地下砂土涌出地表，地面下局部区域被掏空，往往会出现局部液化塌陷的现象，如图 1-4 所示。

图 1-4　液化引起路面沉降

来源：美国加州大学戴维斯分校（UC-Davis），1989 年洛马普列塔（Loma Prieta）地震。

1.1.2　砂土液化侧移

砂土液化侧移（Lateral spreading）是指在地震液化作用下，缓坡场地的地表土体沿着滑动面或朝着临空面产生位移，且通常伴随有地裂缝的现象。文献[1]对砂土液化侧移的定义为：砂土液化侧移产生于地面坡度小于5%的场地，场地中存在松散的砂土或粉质沉积土且地下水丰富。在强震作用下场地液化，液化土中的孔隙水压力迅速上升，当缓坡场地不存在临空面时，液化土层上的土层整体沿着滑动面移动；当缓坡场地存在临空面时，上覆土同时朝着临空面移动。典型的砂土液化侧移震害如图 1-5 和图 1-6 所示。砂土液化侧移与流滑（Flow failure）存在一定的区别，在不同的剪切强度条件下会分别产生液化侧移或流滑。地震停止后位移仍继续累积，且最多可达到数十米的情况称为流滑。

在地震液化后，液化土的抗剪强度下降至一定的值时，从液化发生到地震停止这段时间内，液化土具有残余剪切强度，场地对应的安全系数小于 1.0，上覆土持续产生位移。另外，由于液化土的残余剪切强度大于土体自身重力引起的剪切应力，在地震停止后，上覆土层再产生位移，这样的情况称为液化侧移。侧移值的大小会随土体的密实度而变化：

（1）土体相对密实时，土体在开始时会由于其剪胀性导致孔隙水压力降低且抗剪强度增加，此时液化侧移一般为几厘米。

（2）土体相对松散时，场地在液化后安全系数可能会略大于 1.0，这种情况下液化侧移可能高达几米。

另外，在地震动停止后，孔隙的重分布也会导致液化后场地的侧移。

以往震害记录表明，液化侧移会对基础设施造成破坏。在 1971 年的圣费尔南多大地震[2]（San Fernando Earthquake）以及 1987 年的迷信山（Superstition Hills）大地震[3]中，液化侧移现象造成了极大的震害。

1995 年 1 月 17 日发生的阪神地震[4]（根据日本气象局规范确定的震级为 $M = 7.2$）使日本的大阪地区产生了严重震害，造成 6 000 多人死亡，3 000 多人受伤，超过 15 万栋建筑物被毁，30 万人流离失所。神户港是世界第三大港口，其中的 Port Island、Rokko Island 和 Maya Terminal 是位于神户港的三座人工岛屿，人工岛地表下的砂土在地震作用下推动挡墙产生位移。

图 1-5　不存在临空面的液化侧移

来源：美国地震工程研究所（Earthquake Engineering Research Institute，EERI），1991 年 4 月 22 日哥斯达黎加地震。

图 1-6　存在临空面的液化侧移

来源：美国太平洋地震工程研究中心，2001 年 1 月 28 日美国尼斯阔利地震。

2010 年 9 月和 2011 年 2 月在新西兰基督城，包含 2010 年 9 月 4 日矩震级为 $M_w = 7.1$ 的地震，2011 年 2 月 22 日矩震级为 $M_w = 6.2$ 的地震，2011

年 6 月 13 日矩震级为 $M_w = 5.3$、$M_w = 6.0$ 的地震，以及 2011 年 12 月 3 日矩震级为 $M_w = 5.8$、$M_w = 5.9$ 的地震等系列地震使该地区产生严重震害[5]。液化侧移对住宅、商务区建筑、生命线工程以及输水系统造成严重破坏。通过对 Avon River 和 Kaiapoi River 河流沿线的 120 处地勘点的地质调查，调查人员确定最大的侧移出现在 Kaiapoi River 南岸，侧移值范围是 0.5~3.5 m。在 2011 年 2 月 22 日地震后，相关部门对位于市中心的商务区进行调查，地表侧移值范围是 0.1~0.7 m。住宅区的板式基础由于未能承受较大的地震荷载而产生变形。液化侧移使地面出现裂缝，建筑基础和建筑自身出现较大破坏，推动桥梁桥台桩基顶部和桥墩产生位移。

2010 年 1 月 12 日海地地震的矩震级为 $M_w = 7.0$，根据文献[6]，地震造成砂土液化、滑坡、泥石流及路基失稳破坏。北岸（North Wharf）和南岸码头（South Pier）大量基础设施被破坏。由于该地区存在大量的非工程填土，在北岸（North Whalf）出现了大量的地裂缝和砂涌现象。

2010 年 4 月 4 日的 EI Mayor Cucapah 地震[7]位于墨西哥，该地震是 1892 年以来该地区的最大震感地震，震后存在大量的液化侧移。Mexicali 市中部分住宅建筑被破坏，Puente San Felipito 桥梁桥墩被破坏。根据现场测量，在桥梁附近的东岸最大的液化侧移大于 5 m，在桥梁附近的西岸最大的液化侧移大于 1 m。

在抗震设计中，需根据液化侧移值的大小采用相应的措施。以往地震表明，当液化侧移较小时，工程设施能够承受一定的液化侧移且不被破坏，针对这样的情况，无须对场地进行抗震设计；但液化侧移也可能对工程措施造成较大的破坏。因此，有必要对液化侧移的预测计算方法开展研究，提出针对液化侧移的有效计算方法。

1.2　液化侧移计算方法综述

有关砂土液化现象的研究较多且液化产生机理被广泛接受，但对液化侧移的计算仍需开展进一步研究。不同的学者针对液化侧移提出了不同的计算方法，但是这些计算方法仅能从单一方面反映液化侧移产生的机理，而液化侧移受到场地多种因素影响，如地震震级、震中与场地的距离、场地的土层分布、场地地形等。因此有必要对液化侧移计算方法在工程中的适用性进行总结，对各方法的优缺点进行区分。

1.2.1　经验公式和半经验公式法

Hamada 等[8]于 1986 年提出计算液化侧移的经验公式。该公式主要依据已有地震数据库建立，在分析 1964 年的新潟地震、1971 年的圣费尔南多地震和 1983 年的 Nihonkai-Chubu 地震后，Hamada 建立了液化侧移经验计算公式。公式（1-1）即 Hamada 经验公式，液化侧移受场地液化层厚度和地表坡度影响。

$$D_H = 0.75 H^{0.5} \theta^{0.33} \tag{1-1}$$

式中：H 为场地液化土的厚度（m）；θ 为地表或液化层下表面的坡度（%）。

Youd 和 Perkins[9]在 1987 年用液化严重指标（liquefaction severity index，简称 LSI），计算缓坡场地或者河流河道中大于 10 cm 的侧移。场地的侧移值由场地的地震震级 M_w、场地距离地震震源中心的距离 R 表示。公式（1-2）给出了其水平侧移的计算式。为统一表述，本书中均采用 log 表示 lg，公式（1-2）适用于侧移小于 2.5 m 的场地侧移计算。

$$\log LSI = -3.94 - 1.86 \log R + 0.98 M_w \tag{1-2}$$

式中：LSI 指场地的最大期望侧移值（cm）；R 是场地距震源中心的距离（km），具体是指震源中心或断层破裂处在地表的水平投影与场地的最短水平距离；M_w 是矩震级。

Bartlett 和 Youd[10]在 1995 年提出针对液化侧移的经验公式。该侧移公式基于美国和日本的侧移实例提出，分为两种不同情况：存在临空面；不存在临空面。当存在临空面时，侧移的计算公式如式（1-3）所示；当不存在临空面时，计算公式为式（1-4）。

$$\log D_H = -16.366 + 1.178M - 0.927\log R - 0.013R +$$
$$0.657\log W + 0.348\log T_{15} +$$
$$4.527\log(100 - F_{15}) - 0.922D50_{15} \qquad (1\text{-}3)$$

$$\log D_H = -15.787 + 1.178M - 0.927\log R - 0.013R +$$
$$0.429\log W + 0.348\log T_{15} +$$
$$4.527\log(100 - F_{15}) - 0.922D50_{15} \qquad (1\text{-}4)$$

式中：D_H 是计算侧移值（m）；M 是矩震级；R 是场地距离地震震源中心或者断层断裂面水平投影的水平距离（km）；W 是临空面高度与场地和临空面水平距离的比（%）；T_{15} 是指饱和土层中标贯值$(N_1)_{60}$ 小于 15 的土层厚度（m）；F_{15} 是指饱和土层中归一化标贯值$(N_1)_{60}$ 小于 15 的细粒含量的平均值（%）；$D50_{15}$ 是指饱和土层归一化标贯值$(N_1)_{60}$ 小于 15 的土层的平均 D_{50}(mm)。

Rauch 和 Martin[11]在 2000 年提出液化侧移的预测模型，根据 71 个液化侧移工程实例提出了多元线性拟合公式，简称为 EPOLLS（Empirical prediction of liquefaction-induced lateral spreading）。该模型主要由以下三部分组成：

公式（1-5）定义了预测地区液化侧移的计算公式：

$$Ave\_Horz = (D_R - 2.21)^2 + 0.149$$
$$D_R = (613M_w - 13.9R_f - 2\,420A_{max} - 11.4T_d)/1\,000 \qquad (1\text{-}5)$$

式中：M_w 是矩震级；A_{max} 是最大峰值加速度（g）；R_f 是场地与断层破裂面的水平距离（km）；T_d 是强震记录的持时（s）。

当进行区域的液化侧移计算时，其计算公式如式（1-6）所示：

$$Ave\_Horz = (D_R + D_S - 2.24)^2 + 0.111$$
$$D_S = (0.523L_{slide} + 42.3S_{top} + 31.3H_{face})/1\,000 \qquad (1\text{-}6)$$

式中：L_{slide} 是滑动区域的长度（m）；S_{top} 是地表坡度（%）；H_{face} 是临空面高度（m）。

当进行场地的液化侧移计算时，其计算公式如式（1-7）所示：

$$Avg\_Horz = \left(D_{\mathrm{R}} + D_{\mathrm{S}} + D_{\mathrm{G}} - 2.49\right)^2 + 0.124$$

$$D_{\mathrm{G}} = (50.6 Z_{\mathrm{FSmin}} + 42.3 S_{\mathrm{dep}} + 31.3 H_{\mathrm{face}}) / 1\,000 \qquad （1-7）$$

式中：Z_{FSmin} 是场地液化土层对应安全系数最小值时的深度（m）；S_{dep} 是距离液化土层顶部埋深（m）。

Bardet 等[12]在 2002 年提出多元线性拟合公式，由公式（1-8）表示：

$$\log(D + 0.01) = -6.815 + 1.017 M_{\mathrm{w}} - 0.278 \log R - 0.026 R +$$
$$0.454 \log S + 0.558 \log T_{\mathrm{L}} \qquad （1-8）$$

式中：D 为砂土液化侧移值（m）；M_{w} 是矩震级；R 是场地距离震源中心的水平距离（km）；S 是坡度（%）；T_{L} 是可液化土的厚度（m）。

Youd 等[13]在 2002 年对多元线性回归公式进行了修正，更正了 1983 年 Nihonkai-Chubu 地震中偏大的液化侧移记录值，剔除存在限制液化侧移边界条件的实例，增加了 3 个液化侧移实例。Youd 修正了平均粒径尺寸函数，在多元线性回归公式中增加了有关地震震级的函数，公式（1-9）和公式（1-10）给出了 Youd 经验公式。

当存在临空面时，侧移的表达式为：

$$\log D_{\mathrm{H}} = -16.713 + 1.532 M - 1.406 \log R^{*} - 0.012 R +$$
$$0.592 \log W + 0.540 \log T_{15} +$$
$$3.413 \log(100 - F_{15}) - 0.795 \log(D50_{15} + 0.1) \qquad （1-9）$$

当地面为缓坡时，侧移的表达式为：

$$\log D_{\mathrm{H}} = -16.213 + 1.532 M - 1.406 \log R^{*} - 0.012 R +$$
$$0.338 \log W + 0.540 \log T_{15} +$$
$$3.413 \log(100 - F_{15}) - 0.795 \log(D50_{15} + 0.1) \qquad （1-10）$$

式中：D_{H} 是根据多元线性回归公式计算得到的液化侧移（m）；M 是矩震级；R^{*} 是修正后的震源距离（km）；W 是临空面高度与场地和临空面水平距离的比（%）；T_{15} 是指土体归一化标贯值 $(N_1)_{60}$ 小于 15 的饱和土层厚度（m）；F_{15} 是指 T_{15} 土层的平均细粒含量（%）；$D50_{15}$ 是指饱和土层中归一化

标贯值 $(N_1)_{60}$ 小于 15 的土层的平均 D_{50}（ mm ）。

Zhang 等[14]提出半经验公式法计算液化侧移，根据土的标贯值或静力触探值计算液化侧移值。首先对场地进行液化评价，并引入公式计算 LDI，如公式（1-11）所示：

$$LDI = \int_0^{z_{max}} \gamma_{max} \mathrm{d}z \qquad (1\text{-}11)$$

式中： z_{max} 是指液化土层下土层液化安全系数小于 2.0 的最大深度； γ_{max} 指最大循环剪切应变，随着土层的密实度与深度变化。在计算 LDI 时，首先求土层的液化安全系数，根据其提供的不同最大循环剪切应变与安全系数的关系图能够得到不同密实度土层的安全系数和最大循环剪应变。

针对临空面和地面缓坡的不同情况，利用公式（1-12）和公式（1-13）进行计算，公式（1-12）给出了临空面的侧移计算公式，公式（1-13）给出了在地面缓坡情况下的液化侧移计算公式。

$$LD = (S + 0.2) LDI \quad (\text{当 } 0.2\% < S < 3.5\%) \qquad (1\text{-}12)$$

$$LD = 6(L/H)^{-0.8} LDI \quad (\text{当 } 4 < L/H < 40) \qquad (1\text{-}13)$$

式中： LD 是液化侧移的计算值（ m ）； S 是地面坡度（ % ）； H 是临空面高度（ m ）； L 是距离临空面的距离（ m ）。

Zhang 等[15]于 2005 年提出液化侧移计算公式。该公式将震级和震源距离替换为考虑地层构造和断层机理的谱加速度衰减模型的伪位移，侧移的计算公式表达分别为公式（1-14）和公式（1-15）。

在地面为缓坡时，侧移的表达式为：

$$\begin{aligned} \log D_h =\ &1.904 \log SD + 0.489 \log S_{gs} + 0.024\,8T_{15} + \\ &3.992 \log(100 - F_{15}) - \\ &1.006\,6 \log(D50_{15} + 0.1) - 5.785 \end{aligned} \qquad (1\text{-}14)$$

当存在临空面时，侧移的表达式为：

$$\begin{aligned} \log D_h =\ &1.904 \log SD + 0.559 \log_{10} W_{ff} + 0.047\,8T_{15} + \\ &3.992 \log(100 - F_{15}) - \\ &1.006\,6 \log(D50_{15} + 0.1) - 6.596\,6 \end{aligned} \qquad (1\text{-}15)$$

式中：$D_h = D_{LL} + 0.01$，其中 D_{LL} 是侧移值（m）；SD 是谱加速度的伪位移（m）；S_{gs} 是地面坡度（%）；W_{ff} 是临空面高度和距离临空面水平距离的比（%）；T_{15} 是指土体归一化标贯值 $(N_1)_{60}$ 小于 15 的饱和土层厚度（m）；F_{15} 是指 T_{15} 土层的平均细粒含量（%）；$D50_{15}$ 是指饱和土层中归一化标贯值 $(N_1)_{60}$ 小于 15 的土层的平均 D_{50} (mm)。

王斌[16]提出根据标准贯入试验和静力触探试验值预测液化侧移，并对宿淮高速公路液化区间进行了液化侧移预测，根据数值计算方法对影响液化侧移的因素进行了研究，认为在工程实践中应避免地表或临空面坡度较大的场地。

Faris 等[17]于 2006 年提出半经验计算公式，结合室内试验数据和现场数据，定义潜在位移指数 DPI_{max}（displacement potential index），并根据潜在应变指数 SPI（strain potential index）计算。其中 SPI 根据循环剪切试验和标准贯入值确定。公式（1-16）给出了该半经验公式的表达式。

$$H_{max} = \exp\left(1.0443 \ln DPI_{max}\right) + 0.004\,6 \ln \alpha + 0.002\,9 M_w \quad (1\text{-}16)$$

式中：H_{max} 是最大侧移值（m）；DPI_{max} 为最大位移潜在指标（m）；α 是静载作用，主要是指由重力引起的剪切应力（static driving shear stress）与上覆有效应力的比值；M_w 是矩震级。

Franker 等[18]将多元线性回归模型纳入太平洋地震研究工程中心的概率统计的计算框架中，公式（1-17）为该模型的表达式。

$$\lambda_{D_{H,mean}|S}\left(d\,|\,S\right) = \sum_{i=1}^{N_S} v_i \sum_{j=1}^{N_M} \sum_{k=1}^{N_R} P\left(D_{H,mean} > d\,|\,S, M = m_j, R = r_k\right) \times$$
$$P\left(M = m_j, R = r_k\right) \quad (1\text{-}17)$$

式中：$D_{H,mean}$ 是计算侧移的中值（m）；M 是地震的矩震级；R 是距离震源中心的水平距离（km）；N_S、N_M、N_R 分别是地震震源数量、震级数量、震源与场地的距离的数量；v_i 是对应地震震级大于最小震级的平均年超越概率。

Gillins 等[19]根据 Youd 等[13]提出的多元线性回归模型提出修正公式，如（1-18）所示。该公式不考虑场地的细粒含量和平均粒径大小。

$$\log D_{\mathrm{H}} = b_0 + b_{\mathrm{off}}\alpha + b_1 M + b_2 \log R^* + b_3 R + b_4 \log W +$$
$$b_5 \log S + b_6 \log T_{15} + \alpha_1 x_1 +$$
$$\alpha_2 x_2 + \alpha_3 x_3 + \alpha_4 x_4 + \alpha_5 x_5 \qquad (1\text{-}18)$$

式中：不同下角标的 b 和 a 是拟合参数；D_{H} 是多元线性回归求得的侧移值（m）；M 是矩震级；R^* 是修正后场地与震源距离（km）；R 是场地与震源距离（km）；W 是临空面高度与场地和临空面水平距离的比（%）；S 是地面坡度（%）；T_{15} 是指饱和土层中归一化标贯值 $(N_1)_{60}$ 小于 15 的土层厚度（m）；x_i 是对应每层归一化标贯值 $(N_1)_{60}$ 小于 15 的土层厚度与 T_{15} 的比值。

Goh 等[20]通过引入地层剖面、几何尺寸及地震动参数，结合多元线性回归公式提出非参数回归拟合来计算液化侧移。该模型提高了多元线性回归曲线的精度，可考虑各变量的非线性和相互作用，可以在没有假定动力响应函数和输入变量的情况下预测液化侧移，但不适用于较小的侧移值计算。

Finn 等[21]根据 Youd 等[13]的经验公式提出一种考虑震级衰减的计算模型。该计算公式适用于由概率确定的地震危险性分析，被用于计算液化安全系数。

李程程[22, 23]基于 Youd 等[13]的液化侧移实例库，略去平均粒径含量对液化侧移的影响，对临空和不存在临空面两种情况下液化侧移的主要影响因素进行权重赋值，提出液化侧移等级分类标准，考虑了液化侧移影响因素的耦合性，减少了对钻孔的依赖。李程程[24]同时根据 Youd 等[13]提出的液化侧移实例库，采用多元自适应样条回归法建立了缓坡液化侧移的灾害评估模型，并将该模型应用于新西兰 2010—2011 地震中的液化侧移计算，通过算例验证了该模型的适用性。

经验公式法主要是根据已有的液化侧移案例，考虑地震震级、地震与液化侧移场地的距离、临空面和场地坡度对液化侧移的影响、场地内液化土的细粒含量、液化土厚度等因素提出相应的拟合公式，在实际应用中，仅需要对相关参数进行取值并代入公式即可得到侧移值。但经验公式法多从回归统计角度对液化侧移进行预测，而忽略了地下水位、场地的加速度输入、液化特征等相关因素对液化侧移的影响。

1.2.2 Newmark 滑块计算法

在地震永久位移计算中，Newmark 滑块法[25]作为经典的计算理论而被广泛应用。Newmark 滑块法由 Newmark 在 1965 年提出，用于计算地震作用下大坝的永久位移，后被应用于计算边坡、路基的地震永久位移。Newmark 滑块法的基本假设是：假设土体为刚体滑块，在地震的作用下，当地震加速度大于滑块的屈服加速度时，滑块开始沿滑动面滑动，对地震波超过屈服加速度的部分进行两次积分，得到动力永久位移。

随着 Newmark 滑块法的提出，众多研究人员如 Frankin 等[26]、Griffin 等[27]利用 Newmark 滑块法和加速度时程曲线建立了广义屈服加速度与永久地震位移关系式。Makdisi 和 Seed[28]考虑地震路堤的动力响应，建立永久位移与动力系数的关系式。Ambraseys 等[29]提出根据临界加速度比计算地震永久位移，考虑震源距离、震级以及其他地震相关参数。Yegian 等[30]假设滑动体为刚体，利用计算机程序求得地震永久动力位移，但该方法仅限于卓越周期小于 0.5 s 的刚体计算。Jibson[31]提出地震永久位移的算法，将地震永久位移作为地震强度和屈服加速度的函数。Cai 等[32]研究了两种类型的滑块模型：一种使用地表峰值加速度和速度，另一种使用最大水平地面加速度和加速度谱的卓越周期。在一定范围内，两种方法均可得到合理的计算结果。Kramer 和 Smith[33]将滑块分成由弹簧连接的两部分，考虑滑块的动态响应及其对边坡的永久位移计算的影响。Jibson 等[34]提出回归分析函数，根据屈服加速度与地面峰值加速度之比（临界加速度比）和地面运动的 Arias 强度，估算地震动力位移。Rathje 等[35]建立了考虑滑动体非线性响应的滑块模型；Travasarou 等[36]对 Rathje 提出的滑动模型进行改进，考虑了地震输入强度。Bray 和 Travasarou[37]提出用非线性完全耦合的黏滑块模型计算地震永久位移的偏位移（deviatoric permanent displacement），该模型是屈服加速度、初始基本周期、退化期地表谱加速度的函数。Rathje 等[38]根据 Newmark 滑块法提出了伪概率计算方法，依据屈服加速度比（屈服加速度与峰值加速度的比值）确定地震永久位移。

Newmark 滑块法较多应用于土石坝、尾矿坝、边坡、挡土墙和垃圾填埋场的安全评价中，在地震液化引起的侧移计算中应用较少。Chung 等[39]确定临界水位是地震或者边坡降雨破坏的控制因素，给出了在地震震级 7.5 对应 PGA（地面峰值加速度）为 0.2g~0.4g 的条件下，地震引起的滑坡高地以及冲洪积平原的液化侧移的地下水位临界值。他们根据 Newmark 滑块法确定滑坡中的临界水位为地面坡度的函数，提出了一种预测与地下水位相关的液化侧移计算方法：在 1.0 m 的历史地下水位条件下，滑坡发生的可能性更大；在正常地下水位条件下，侧移发生的可能性更大。

Baziar 等[40]使用 Newmark 滑块法，根据与有效应力比（总应力与竖向有效应力的比值）相关的屈服加速度、液化土的不排水抗剪强度及地面坡度计算液化侧移值，其中液化土的不排水抗剪强度是竖向有效应力的 14.5%。Taboada 等[41]提出基于 Newmark 滑块法的液化侧移计算方法，用于计算由屈服剪切应变引起的相对位移及由砂土的强度增加引起的剪胀位移。景立平等[42, 43]提出根据饱和砂土孔压和不同应力循环对应的抗剪强度的变化规律计算液化侧移的方法，该方法根据 Newmark 滑块法计算液化侧移。Taboada 等[44]在 Laminar 剪切箱中进行了振动台试验，选用相对密实度为 40%~50%的饱和砂土置于刚性基础上，厚度为 10 m，在地震输入为 0.17g~0.46g 的荷载作用下模拟不同的坡度和场地条件。经研究，液化侧移取决于不同坡度和液化土的厚度。Taboada 等[44]其后利用 Taboada 等[41]提出的计算方法计算液化侧移，通过改变场地的倾角、输入加速度及频率得到不同的液化侧移。Taboada 等[45]根据相同的液化侧移计算方法重新分析了 1995 年墨西哥 Colima-Jalisco 地震中的液化侧移，得到与实测值较接近的计算值。

林建华等[46]提出根据 Newmark 滑块法进行液化侧移计算，通过等效液化次数，分段考虑屈服加速度和地面加速度时程曲线得到场地在一定时间内的侧移值。邵广彪[47]对近断层海底土层地震液化及侧移开展了相应的研究，结合 Newmark 刚性滑块模型，提出考虑海洋波浪荷载的海底缓坡液化滑移计算方法。冯启民等[48]提出海底缓坡液化侧移的计算方法，忽略流体黏性对场地响应的影响，简化波浪荷载，在有限元中利用改进的 Seed 孔压模型进行液化判别和动力分析，根据 Newmark 滑块法计算液化侧移。

Olson 和 Johnson[49]等对液化侧移实例重新计算，根据 Newmark 滑块法提出屈服加速度与位移的关系曲线，根据极限平衡法提出液化土残余剪切强度和竖向有效应力比与屈服加速度的关系曲线，通过三者的相互关联，研究与液化侧移有关的砂土剪切强度。其研究表明，在液化侧移中，通过土体的归一化标贯值$(N_1)_{60}$或者土体的归一化静力触探值 q_{c1} 得到的液化土残余剪切强度和竖向有效应力比 S_r/σ'_{v0} 计算式与 Olson 和 Stark[50]提出的流滑中的液化土残余剪切强度计算式一致。

Makdisi[51]采用 Newmark 滑块法和场地响应分析分别计算液化侧移并进行对比：在非线性场地响应中，将可液化土设置为较低强度和刚度的软弱土，在不同的地震输入下，通过改变地表下软弱层的厚度、深度及地面坡度（0.5%~3%），并加载根据新一代反应谱拟合的地震波。通过能量消散和功率-位移关系的对比，Makdisi 认为 Newmark 滑块法在计算液化侧移时并不保守，且随着液化土层的深度和厚度的增加，计算结果更加不确定。Makdisi 认为计算结果的随机性是由 Newmark 滑块法中的离散滑动面引起的，但由于是根据无限边坡计算场地的屈服加速度，其计算得到的滑动面具有一定的不确定性。

Newmark 滑块法被用于动力位移计算中，也可作为安全系数指标来评价边坡和大坝的稳定性。在计算中仅需确定地震输入和屈服加速度，所需参数较少，计算流程简单，在工程计算中可快速得到场地的动力位移值。但是 Newmark 滑块法有如下缺陷：

（1）滑体实际上并不是该方法假定的刚性块体。

（2）输入的屈服加速度和峰值加速度会影响 Newmark 滑块法的计算结果，其计算结果取决于输入加速度的输入特性。

（3）Newmark 滑块变形假定为平面上的刚性块体滑动产生位移，没有考虑土体的变形模式。

（4）计算时忽略了孔隙水压力的生成和消散。

（5）在计算屈服加速度时，其假定滑动面是简单的滑动面，与现实情况不符。

因此在动力位移计算中，需要通过考虑孔隙水压力、屈服加速度、土体强度等因素随时间的变化并对 Newmark 滑块法进行修正。在液化侧移计算中，尽管相关学者利用 Newmark 滑块法进行液化侧移计算并考虑相关影响因素，但未对 Newmark 滑块法在液化侧移计算中的应用开展系统研究。

1.2.3　数值计算方法

Gu 等[52]采用增量有限元法对下圣费尔南多大坝（Lower San Fernando Dam）震后变形进行分析。他们采用基于临界状态边界面理论和稳态强度理论的不排水弹塑性本构模型模拟液化土体并设置土体具有不排水特性、土体的应力应变曲线为双曲线软化模型。分析结果表明，由液化土的应变软化造成的应力重分布是导致大坝溃坝的主要原因，初始液化区在强剪应力的作用下发生渐进破坏。

Gu 等[53]对 1987 年 Superstition Hills 震后的 Wildlife Site Array 的侧移进行了有限元变形分析。他们考虑土的应变软化特性，根据比奥理论对超孔隙压力消散引起的再固结进行了分析。结果表明，场地的液化侧移由液化土体的应力重分布造成，再固结过程中场地的液化侧移值较小，在孔隙水压力的增长过程中，液化土的抗剪强度随超孔隙压力的增大由峰值抗剪强度下降到稳态强度（Steady-State），排水条件对超孔隙水压力生成有重要影响。

Uzuoka 等[54]提出了一种基于流体动力学的液化侧移计算方法，该方法利用等效黏度的宾厄姆（Bingham）流体模拟液化土，对最小不排水抗剪强度进行赋值。Uzuoka 利用该方法对某实例进行了验证。

Hadush 等[55]提出了基于三次数值插值的数值方法，根据宾厄姆模型模拟具有不排水抗剪强度的液化土并引入了宾厄姆材料的黏度和隐式计算，采用泊松方程计算压力。他们采用该数值模拟方法，重新计算液化流滑动力响应。模拟结果表明：地面速度和位移时程曲线及随深度变化的位移曲线与试验结果吻合。

刘汉龙等[56]利用稳态强度理论和有效应力分析法，采用数值方法计算液化侧移，开展液化分布对液化侧移的影响研究，结果表明液化土的残余剪切强度对液化侧移有较大影响。当残余剪切强度较小时，随着液化厚度的增加，液化侧移在过渡阶段增加最快，而在小位移和大位移阶段液化侧移增加速度较缓。

Elgamal 等[57]提出循环荷载作用下的土体塑性本构模型并利用离心振动台试验对该本构模型进行标定。在循环荷载作用下，他们采用相对密实度为40%的清洁内华达砂（Neveda Sand）开展试验，得到土体的动力响应及其应变集中的变化趋势。然后他们将标定后的本构模型写入有限元计算程序中，分析不同频率成分的波形对地震永久位移的影响。结果表明，在水平地面条件下剪应变较小，在斜坡条件下剪应变计算结果较大；其原因是主频会影响土体的动力响应。

蔡晓光等[58, 59]提出用软化模量法计算液化侧移，他们根据该方法对1995年阪神地震中的液化侧移进行数值模拟，以验证软化模量分析法的适用性。蔡晓光等[60]对地震液化引起的地面侧向大变形进行了总结，指出变形计算方法需要进一步完善改进，对液化引发的流滑需要进一步开展相关研究。

Suzuki 等[61]通过振动台试验研究了地面侧移和水平地面条件下等桩基础的地基反力。在两种情况下，桩基拉伸随着拉压应力的变化而改变；在地面侧移条件下，桩基础的地基反力和永久地面变形的变化规律一致。

袁晓铭等[62]利用软化模量分析法对 1995 年的阪神地震液化侧移进行了数值模拟。

Kanibir 等[63]计算分析了1999 年 Kocaeli 地震中土耳其的 Sapanca 湖沿岸的地震液化位移，通过航拍得到液化侧移，分别采用 Newmark 滑块法、经验公式法和有限元法对液化侧移进行计算，结果表明在地质条件确定的条件下，Newmark 滑动法和有限元法计算结果更为准确。

邵广彪等[64]基于有限元方法，提出考虑土体模量随时间变化的缓坡液化侧移计算方法，并分析了地震和土层坡度对液化侧移的影响。

蔡晓光等[65]通过数值计算方法对影响液化侧移的因素进行了分析，计算表明强震作用下的液化对侧移值有明显影响，竖向与水平向地震同时加载会增加液化侧移值。

Seid-Karbasi 等[66]提出用数值计算方法模拟单一荷载和循环荷载作用下的砂土响应。在斜坡条件下，采用弹塑性应力-应变模型 UBCSAND 模拟低渗透性的粉质砂土层对孔隙水压力的影响，并建立二维模型。在动荷载作用下，止水帷幕的底部出现膨胀，其原因是流滑产生了孔隙压力重分布。计算同时表明，垂直排水层能够有效控制流滑的产生。

邵广彪等[67]给出了海底土层液化侧移破坏的综述，认为在计算海底液化侧移时，应考虑海洋波浪荷载对液化侧移的影响。

陈龙伟等[68]给出了液化侧移的简化计算方法并给出了频域理论解答，同时给出循环累计法得到的液化侧移时域解，通过与振动台试验结果对比，验证了模型的正确性。

Mayoral 等[69]采用有限元模型计算液化侧移值，在时域内求解波的传播，建立基于位移线性变化的有限元模型，更新时间步求解单元位移，用双曲线模型表示应变-应力关系，并修正土体参数和其他动力学参数。他们利用循环应力法模拟孔隙水压力生成与消散，并将该一维模型用于震后液化侧移的计算。

Phillips 等[70]开发了三维数值模型，根据自由场液化侧移的离心机试验得到的位移、加速度和孔隙水压力时程曲线对模型进行标定，并根据数值计算模型对另外一个自由场离心机振动台试验进行了分析。结果表明小应变阻尼、上覆有效应力相关的剪胀特性能够预测位移、加速度和孔隙水压力的生成。

Kamai 等[71]通过模拟离心机振动台试验，研究变形机理并观测孔隙水压力的消散模式及液化侧移的应力集中，验证了数值计算方法。他们利用 PM4sand 模型模拟液化砂土，利用莫尔-库仑模型模拟黏土，分析了模型的液化动力响应：液化开始时间、场地的地表变形、孔隙水压力变化、孔隙重分布。

Montassar 等[72]提出了模拟振动台试验中宾厄姆介质（液化土）的不排水强度和黏度系数的数值方法，认为在振动台试验中超孔隙水压力还未消散且液化侧移会随着振动台停止而不再增加。Montassar 等提出的数值方法能够较好地模拟振动台中的动力响应。

马哲超[73]通过比奥两相饱和多孔介质动力耦合理论，对人工岛海底缓坡液化侧移进行数值计算，认为液化是造成侧移的主要因素，液化侧移随着坡度的增加而增大。

Howell 等[74]针对未进行地基处理和进行排水处理后两种不同工况的离心机试验作数值模拟，验证预制竖向排水井的效果。数值计算结果得到的孔隙水压力变化与离心机试验相吻合。

胡记磊等[75]对含倾斜砂土夹层的人工岛进行液化侧移分析，采用有限元和有限差分耦合方法研究不同的影响因素。研究表明液化侧移是在液化完全触发后发生，且在地震中的某段时间内产生的有限位移。

胡记磊等[76]根据有限元和有限差分耦合方法，计算了人工岛在余震液化条件下的液化侧移变化规律。结果表明，液化侧移随着余震峰值加速度的增加而变大，且液化侧移主要集中在液化过程中。

Munter 等[77]对 1999 年的 Kocaeli 地震中的液化侧移进行了一维液化侧移指标分析和二维非线性变形分析。结果表明，根据一维液化侧移指标得到的液化侧移值偏大，使用二维非线性分析得到的液化侧移与现场观测值较一致。

Ghasemi-fare 等[78]提出了以离心试验为基础，依据比奥理论和 u-P 公式（考虑土层渗透性）的数值模型。该数值计算方法与离心试验和现场观测的液化侧移值较一致。其预测公式如式（1-19）和式（1-20）所示。当地面坡度小于 1.5%时，利用公式（1-19）计算侧移值；当地面坡度大于 1.5%时，利用公式（1-20）计算。

$$LD_{max} = 3.0\theta^{0.9}H^{0.7}\left(0.65a_{max}\right)^{0.55}f^{-0.15f-0.72}D_r^{-0.3}N^{1.2} \qquad (1\text{-}19)$$

$$LD_{max} = 1.5\theta^{0.9}H^{0.7}\left(0.65a_{max}\right)^{0.55}f^{-0.15f-0.72}D_r^{-0.3}N^{1.2} \qquad (1\text{-}20)$$

式中：LD_{max} 是最大液化侧移值（m）；θ 是地表的倾角（%）；H 是液化土层的厚度（m）；a_{max} 是地震最大加速度（g）；f 是荷载频率（Hz）；D_r 是砂土的相对密实度（%）；N 是荷载的循环次数。

数值计算方法可以综合考虑场地特性、土体性质、地震波在土体中的传播特性及孔隙水压力的变化等因素。随着计算机技术的发展，数值计算被应用于工程计算中。从本质上来讲，数值计算方法的计算结果主要取决于本构模型的选取，因此，数值计算方法对建模水平和计算参数的确定要求较高。但在保证输入参数正确的前提下，数值计算方法可以得到较为合理的计算液化分析结果和侧移计算值。

1.2.4　试验法

Yasuda 等[79]利用振动台试验研究了 1991 年 Terile-limon 地震中 3 座桥梁的破坏情况，并针对缓坡液化侧移现象提出了相应的措施，通过夯实、钢桩加固、带状夯实、地下连续墙等方法进行加固，证明地下连续墙是最有效的措施。他们对挡墙进行抗震设计，研究了作用于挡墙上的土压力系数。结果表明：当液化发生时，作用在挡墙上的土压力系数为 1.0，且土压力系数随坡度的增大而增大。

Sasaki 等[80]于 1992 年开展液化侧移振动台试验和室内剪切试验研究液化侧移的机理，并在液化土中观测到剪切变形。研究结果表明，液化侧移是由于重力而不是地震惯性力引起的，最大液化侧移值出现在地下水位附近，且位于底部的侧移可忽略不计，液化侧移受地形影响。

Okamura 等[81]研究了砂土的渗透性和余震对液化侧移的影响，采用相对密度为 40%~50%的内华达砂模拟 10 m 厚的土层，荷载范围为 0.18g~0.46g。试验中测量了地基沉降、液化侧移和孔隙水压力。研究表明地面的累计变形由余震和持续震动造成。

Sharp 等[82]通过波传播理论分析内华达砂振动台离心机试验结果，得到液化侧移值。他们在离心机试验中采用水和黏性流体模拟液化砂土，并获得了不同的侧移值。通过对比分析得到不同模型试验中侧移的位移形式，当考虑静止滑动面时,利用 Newmark 滑块法能够计算得到相对可靠的结果。

Thevanayagam 等[83]系统介绍了加载速度为 1g 的大尺寸层状剪切箱振动台试验,该试验可对水平地面或缓坡地面的液化及液化侧移进行模拟。该系统由 1 个层状剪切箱、底座振动台和 2 个加载伺服器构成,通过液压系统控制位移,通过加速度和位移传感器对相关参数进行测量。

刘汉龙等[84]通过室内三轴动扭剪试验提出描述砂土液化大变形的本构模型并对该本构模型进行了验证,但未考虑不同密实度、围压、固结度对土体动力响应的影响。

周云东[85]通过室内静扭剪试验和再固结试验,对液化侧移机理开展研究。他认为液化后侧移是由动力荷载作用下的水体受压和土体的剪胀性造成的。

孙锐等[86]根据振动台试验研究循环荷载条件下液化对水平侧移的影响。研究结果表明液化会降低土体表面的加速度,增加土体循环剪切变形,孔压比为 0.8 时土体的循环剪切变形最大。

Sharp 等[87]通过改变相对密实度、层状剪切箱中砂土的超固结度并通过预震对两组内华达砂的振动台离心机试验进行对比研究,将相对密实度分别设置为 45% 和 75%。通过对比研究得到,由振动台测得的液化侧移与根据静力触探试验计算得到的液化侧移一致。

Olson 等[88]开展了针对液化侧移的振动台离心机试验,分别设置无基础的自由场试验、10 m 厚松砂层的自由场试验、10 m 厚松砂且有刚性基础的试验以及存在挡墙和 2 m 厚黏土覆盖层的自由场试验,试验结果与由 Olson 等[49]提出的计算方法所得计算结果一致。

汪云龙等[89, 90]提出了在离心机振动台试验中设置光纤光栅测试技术的试验方法,并将该方法应用于土体侧移测量中。

Hashash 等[91]利用等效线性分析方法、线性黏弹性分析方法和塑性有限元分析软件对振动台离心机试验测试结果进行分析并与试验结果对比,其中,振动台离心机试验中使用了 26 m 厚的内华达砂,相对密实度为 60%。他们利用相关经验参数估计土体的剪切波速,利用土体的塑性参数、与强度相关的模量衰减曲线和阻尼比曲线模拟土体的动力特性，记录液化侧移、加速度时程、剪切应变、谱加速度和 Arias 强度，通过对比发现场地的动力响应受到土体动力参数的影响。

Chen 等[92]将与振动台试验中密度相同的饱和塑性砂浸入盐水。在试验中，该试验材料表现出与振动台试验中一致的液化侧移现象，液化侧移随着土体深度呈现非线性变化规律。

试验法主要根据离心机及振动台试验开展研究，依据相似理论对现场土体进行模拟，通过输入规则的地震波如正弦波或实测地震波进行动力加载，埋设一定的传感器并对液化侧移进行研究，通过测量加速度响应、孔隙水压力和位移值等动力响应来反映液化侧移机理。试验法受限于试验设备及研究经费，且在试验中存在较多的不确定因素，试验结果可能具有一定的离散性，因此在工程中的应用受限。

1.2.5　其他方法

Wang 等[93]采用三层网络模型开发了反向传播神经网络模型（back-propagation neural network model），用于预测临空面和地面缓坡条件下的液化侧移。该模型受到数据容量、现场地质条件及模型训练的影响。

Chiru-Danzer 等[94]基于 443 个实测侧移数据根据人工神经网络法提出了预测侧移的计算方法。该模型考虑了缓坡和临空面两种不同情况。

余跃心 等[95]采用神经网络预测模型对液化侧移进行研究，通过总结地震、地形和土体参数与液化侧移之间的关系，提出了相应的预测模型。研究表明该预测模型与实测数据较为吻合，两者相关系数较高。

Baziar 等[96]基于 Bartlett 和 Youd 于 1992 年总结的 464 个侧移实例，使用人工神经网络（ANN）计算临空面条件和地面缓坡条件下的液化侧移。该模型用于预测 0.01~0.16 m 的液化侧移。

Javadi 等[97]提出了基于遗传算法的液化侧移计算方法，利用数据库中的土体标贯值对模型进行训练和验证，针对临空面和缓坡两种情况提出相应的预测模型。该遗传算法模型能够有效描述侧移与其影响因素的关系，较多元线性回归模型更准确。

García 等[98]提出一种模糊神经（neurofuzzy）的混合预测方法并在 NEFLAS 中进行实现。该方法包含了模糊算法预处理、神经网络与模糊算法的组合系统，采用模糊算法预处理去除原始数据中的误差较大的点，并利用模糊算法将数据点转换为单一变量。该模型由 3 个层次模型构成：区域模型、场地模型和土模型。分析结果表明，NEFLAS 可以预测的液化侧移小于或等于现场观测值的 10%。

Liu 等[99]采用 Youd 的液化侧移数据库，对比了液化侧移的不同预测模型，针对临空面和缓坡两种情况研究了多元自适应回归样条分析模型（multivariate adaptive regression splines）、广义加性模型（generalized additive model）、神经网络模型（neural networks）、广义线性模型（generalized linear model）、鲁棒回归（robust regression）、回归树模型（regression tree）、支持向量机（support vector machine）、投影跟踪（projection pursuit）和随机森林（random forest）等 9 种模型。针对临空面和缓坡两种情况，随机森林模型得到的预测结果较好。

Liu 等[100]在 2014 年提出液化灾害的概率模型。该模型适用于大变形情况。他们根据液化侧移实例进行回归分析并提出液化侧移超过 1.5 m 的概率函数。

陆迅[101]以 MAPGIS 为研究平台，以唐山及南郊地区为研究对象，利用相应的钻孔资料和液化侧移简化计算方法，给出了该地区基于 MAPGIS 液化指数和场地侧移的区划图。

王志华等[102]对土体液化大变形的研究进展进行总结，给出了当前土体液化大变形的预测和分析方法，提出了孔压梯度驱动土体液化流动大变形的假设，但指出其理论需要进行理论和试验验证。

郑晴晴等[103]通过蒙特卡洛法研究了液化侧移公式中场地的随机性，提出了考虑峰值加速度和地震震级联合概率分布的方法，建立了区域性液化侧移的概率模型。

Khoshnevisan 等[104]根据 2010—2011 年新西兰坎特伯雷地震中的静力

触探值（CPT），提出有一种新的基于静力触探值的最大似然概率模型。该模型引入了加权因子的最大循环剪应变提高模型的预测性，通过增加数据及考虑场地的地质条件提高模型的准确性。

Kaya[105]通过对比多元线性回归拟合、多层感知模型（multilayer perceptrons）、自适应神经模糊模型（adaptive neuro-fuzzy inference systems）和传统方法，得到多层感知模型（MLP）在预测临空面情况下预测液化侧移优于其他方法，多层感知模型（MLP）和自适应神经模糊模型（ANFIS）在缓坡地面预测中优于其他方法的结论。

Ekstrom 等[106]提出了一种基于性能计算目标回归周期地震液化概率侧移的模型。该模型根据现场参数和液化侧移参考参数地图（lateral spreading reference parameter maps）预测液化侧移。他们利用 10 个具有 3 个回归周期的城市对模型进行验证分析。结果表明，该方法是一种误差小于 3%的预测模型。

胡记磊[107]基于概率方法，筛选了液化影响因素，提出基于贝叶斯网络的地震液化风险分析模型。在该模型基础上，他引入液化侧移作为液化灾害指标，将液化灾害模型用于液化后灾害评价中，通过数值模拟验证了该模型。

张政等[108]基于贝叶斯网络方法，综合考虑液化侧移的影响因素，建立了液化侧移预测模型，通过对台湾集集（Chi-Chi）地震中的液化侧移进行分析，验证了该模型的可靠性。

李程程等[109]基于 3D-GIS 技术提出液化侧移区划方法，应用该方法建立在 7.8 级地震下唐山南区的液化侧移等级分布图,通过与震后航拍结果对比证明该方法具有可行性。

其他计算液化侧移的方法主要是根据概率统计、神经网络等手段对已有的液化侧移进行总结分析，并提出相应的预测模型。其他法计算液化侧移的方法较多依赖于数学模型，而忽略了液化侧移的实质，也未考虑液化过程中土体应力应变或孔隙水压力的变化，在工程实践中，其应用性受到了一定限制。

综上所述，液化侧移的计算方法主要集中于经验公式法和半经验公式法、Newmark 滑块法、数值计算法、试验法及其他方法。在这些方法中，经验公式法和半经验公式法在工程中应用最为广泛。在计算中，利用经验公式法和半经验公式法仅需根据现场勘察资料、相关地震参数及现场的几何尺寸得到所需的参数值并代入经验公式中即可确定液化侧移值。同时，侧移经验公式主要取决于液化侧移实例库，而我国在此方面研究较少，且缺乏相关的液化侧移资料，因此较多学者依据 Youd 等[13]的实例库开展相应的研究。试验法对液化侧移的重现难度大，且在试验中受到试验模型尺寸、经费和测试条件的限制，因此试验法的应用受到了限制。根据概率统计提出的其他方法，更多的是选取液化侧移实例库，依靠数学模型对液化侧移进行预测，且在相关研究中仅对研究思路进行介绍，未给出相应的计算公式或者计算步骤，对工程实践来讲，其应用受到了极大的限制。Newmark 滑块法能够在一定程度上考虑液化侧移中上覆土的运动机制，但未能考虑在液化侧移中液化土残余剪切强度对侧移的影响，尽管有相关学者利用 Newmark 滑块法进行液化侧移计算并考虑相关影响因素，但未对 Newmark 滑块法在液化侧移计算中的应用开展系统研究。数值计算方法可以通过不同的本构模型弥补 Newmark 滑块法在计算液化侧移中的不足，综合反映场地地层构成和液化特征。因此，非常有必要对 Newmark 滑块法在液化侧移计算中的应用开展系统研究，同时结合数值计算方法，提出能够考虑液化特征的液化侧移计算方法。

1.3 本书主要内容

针对现有地震液化侧移计算方法的不确定性，为提出适用于工程实践的液化侧移计算方法，需按照一定的顺序进行研究。现将本书的研究内容介绍如下：

第 1 章介绍了本书的选题背景和研究意义，对液化侧移的计算方法进行了总结，对不同的液化侧移计算方法进行了评价，对液化侧移算法的研究提出了相应的解决思路和方法。

第 2 章对主要的液化侧移实例进行搜集整理，建立了具有完整实例信息的液化侧移实例库；采用 Newmark 滑块法和液化土残余剪切强度计算公式开展场地液化侧移计算方法系统研究：构建每个侧移实例的地层剖面，确定非液化土的土层参数，确定液化土的标贯值，根据 3 种液化土残余剪切强度计算公式计算液化土的残余剪切强度并求屈服加速度；输入场地或邻近场地的地震记录，根据 Newmark 滑块法对每个液化侧移实例进行计算，得到液化侧移值，将每个液化侧移值与现场记录值进行对比，对根据 3 种液化土残余剪切强度计算公式对应得到的液化侧移值进行对比，对侧移比（计算侧移值与现场记录值的比）进行概率统计分析，确定不同液化土残余剪切强度计算公式下 Newmark 滑块法的适用性，对该计算方法的结果进行概率分析，给出相应的结论。

第 3 章应用不同的等效线性分析软件对金银岛（Treasure Island）液化侧移实例进行反卷积分析，根据相应的地层剖面和土层参数建立一维场地响应模型，采用其附近的 Yerba Island 基岩地震波作为地震输入，利用 4 个等效线性程序 SHAKE 2000、DEEPSOIL、EERA、Strata，分别计算地表的加速度时程、地表加速度时程的加速度反应谱、地表加速度时程的傅立叶幅值谱、土层峰值加速度随深度的变化、最大剪应变随深度的变化规律，分析 4 个等效线性程序的不同点，确定等效线性分析软件的适用性。

第 4 章提出根据 PM4sand 砂土本构模型和有限差分法计算液化侧移的计算方法；根据金银岛（Treasure Island）的液化侧移记录，应用有限差分软件，建立二维模型，采用 PM4sand 液化模型模拟砂土，采用邻近场地的地表地震波进行反卷积运算获得基岩地震输入；分别得到场地的孔隙水压力变化、地表加速度时程、地表加速度反应谱、PGA 随深度的变化、最大剪应变和场地液化侧移随时间的变化曲线，将分析得到的液化侧移与实测值进行对比，验证根据 PM4sand 砂土本构模型和有限差分法计算液化侧移方法的适用性。

第 5 章提出基于场地液化特征的液化侧移算法，选取 5 个记录完整的液化侧移实例，根据有限差分计算得到场地的液化时间，并得到地表和液化土下的地震波，根据液化土的残余剪切强度计算场地的屈服加速度，应用 Newmark 滑块法，分别输入地表地震波、考虑液化时间的地表地震波和液化土下考虑液化时间的地震波；将基于场地液化特征算法得到的液化侧移值与现场记录值对比，分析该方法的准确性和适用性。

第 6 章根据一维非线性场地响应分析提出的液化侧移计算方法，利用一维非线性场地响应程序对液化侧移实例进行分析，求液化时间和场地液化土层下的地震波；应用 Newmark 滑块法，输入液化土层下考虑场地液化时间的地震波，求场地的侧移值并与实测值进行对比；同时与第 5 章和第 4 章提出的液化侧移计算方法进行对比分析，确定基于一维非线性场地响应分析提出的液化侧移计算方法的准确性。

第 7 章对已有的液化侧移计算方法进行对比分析，总结 Newmark 滑块法和数值计算方法原理的不同，根据典型的液化侧移场（WLA 液化台阵），分析不同本构模型对液化侧移计算结果的影响，总结在不同液化土本构模型条件下，场地的超孔隙水压比、地表响应、液化侧移值及液化前后对应地面谱加速度的变化规律。

第 2 章

Newmark 滑块法和液化土残余剪切强度的液化侧移计算方法

2.1 问题的提出及液化土残余剪切强度

2.1.1 问题的提出

岩土地震工程中的液化问题已从仅考虑场地是否液化逐步转变为关注液化后对场地造成的震害研究。Newmark 滑块法[25]作为经典计算方法，被广泛用于边坡、大坝和垃圾填埋场的动力位移计算中。图 2-1 和图 2-2 为液化侧移前后示意图。在液化侧移中，液化土从液化开始，饱和砂土的强度即迅速减小并产生相应的滑动面，直到地震停止前的短时间内始终存在着残余剪切强度；当地震和重力形成的剪切力（driving force）大于液化后土体的残余剪切强度（resistance force）时，上覆土层沿着滑动面滑移并最终产生位移；伴随着土体的动量消散，由于残余剪切强度大于由重力自身作用产生的剪切应力（static driving force），地震停止时液化侧移不再产生。这样的运动机理符合 Newmark 滑块法的基本假设。

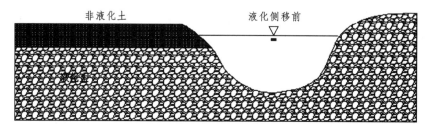

图 2-1　液化侧移前

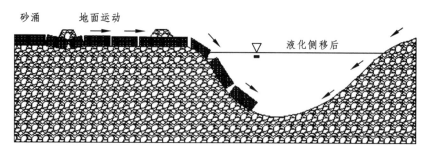

图 2-2　液化侧移后

尽管有相关学者[41-52]根据 Newmark 滑块法对液化侧移进行了计算,但未考虑液化土的残余剪切强度对侧移值的影响。Kavazanjian[110]等在研究中提出,基于砂土残余剪切强度计算得到的 Newmark 滑块位移是液化侧移预测的最大值,但尚未对该方法开展系统研究。因此,将 Newmark 滑块法和液化土的残余剪切强度应用于液化侧移计算并开展系统研究,具有重要的实际意义和工程价值。

2.1.2　液化土的残余剪切强度

美国现行规范中多采用标准贯入试验(Standard Penetration Test)对土体的力学参数进行估计,通过土体的修正标贯值可计算得到土体的参数。土体的标贯值用 N 表示。它主要取决于土体的相对密实度、竖向有效应力、颗粒级配曲线、土体的应力历史以及其他因素。为考虑随着深度变化的竖向有效应力对土体的标贯值 N 的影响,将土体的标贯值处理为竖向有效应力为标准大气压时的标贯值,由 N_1 表示。为考虑在不同地区不同的试验标准和仪器对土体标贯值的影响,将 N_1 进行归一化处理,由 $(N_1)_{60}$ 表示,进一步经过细粒含量修正后的标贯值为等效纯净砂修正标贯值,由 $(N_1)_{60-cs}$ 表示。

Seed[111]于 1987 年对液化流滑工程实例进行总结分析,并提出了液化砂土的残余剪切强度与等效纯净砂修正标贯值 $(N_1)_{60-cs}$ 的关系式,公式(2-1)所示为等效纯净砂修正标贯值的表达式:

$$(N_1)_{60-cs} = (N_1)_{60} + N_{cr} \tag{2-1}$$

式中:N_{cr} 取决于液化土的细粒含量。图 2-3 在一定程度上给出了粉质砂土或砂土的残余剪切强度的关系曲线。但由于工程实例数量有限,计算结果会存在较大的误差。

Seed 和 Harder[112]于 1990 年对 Seed 计算式[111]进行修正,他们引入更多的流滑实例、考虑土体的惯性效应,提出了新的土体残余剪切强度与等效纯净砂修正标贯值 $(N_1)_{60-cs}$ 的计算式。图 2-4 给出了该计算式的曲线形式,同一等效纯净砂修正标贯值 $(N_1)_{60-cs}$ 分别对应残余剪切强度的上界和下界值。

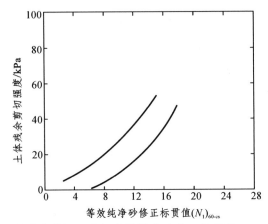

图 2-3　土体残余剪切强度与等效纯净砂修正标贯值$(N_1)_{60-cs}$关系式
——Seed 计算式[111]

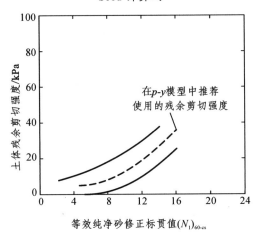

图 2-4　残余剪切强度与等效纯净砂修正标贯值$(N_1)_{60-cs}$关系
——Seed 和 Harder 计算式[112]

Idriss[113]于 1998 年提出土体残余剪切强度与等效纯净砂修正标贯值 $(N_1)_{60-cs}$ 关系的计算式，公式（2-2）给出了该计算式。该计算式对 Seed 和 Harder 计算式的工程实例数据进行了修正。在图 2-5 中，土体残余剪切强度与等效纯净砂修正标贯值$(N_1)_{60-cs}$的计算式由一条指数曲线表达，虚线对应为 Idriss 提供的曲线拓展范围。

$$S_r = 0.023\,6\exp(N_1)_{60-cs} \tag{2-2}$$

Stark 和 Mersi[114]根据 20 个工程实例，提出针对土体残余剪切强度与上覆有效应力比和等效纯净砂修正标贯值$(N_1)_{60\text{-}cs}$的计算方法。图 2-6 给出了 Stark 和 Mersi 提出的针对土体残余剪切强度与上覆有效应力比 S_r/σ'_{vo} 和土体等效纯净砂修正标贯值$(N_1)_{60\text{-}cs}$计算式的曲线。公式（2-3）给出了该计算方法的表达式，其中：液化土残余剪切强度与土体上覆有效应力比由 S_r/σ'_{vo} 表示，S_r 指土体的残余剪切强度，σ'_{vo} 指土体的上覆有效应力；$(N_1)_{60\text{-}cs}$ 是土体等效纯净砂修正标贯值。

$$S_r/\sigma'_{vo} = 0.005\,5(N_1)_{60\text{-}cs} \tag{2-3}$$

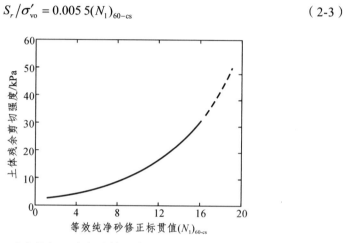

图 2-5　残余剪切强度与等效纯净砂修正标贯值$(N_1)_{60\text{-}cs}$关系
——Idriss 计算式[113]

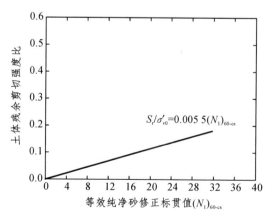

图 2-6　残余剪切强度比与等效纯净砂修正标贯值关系
——Stark 和 Mersi 计算式[114]

Olson 和 Stark[50]将更多的工程实例添加至 Stark 和 Mersi 实例库中，将土体残余剪切强度比表达为与土体的归一化标贯值$(N_1)_{60}$或静力触探值（CPT）相关的计算式。图 2-7 给出了 Olson 和 Stark 的土体残余剪切强度比与归一化砂土标贯值$(N_1)_{60}$的关系曲线。

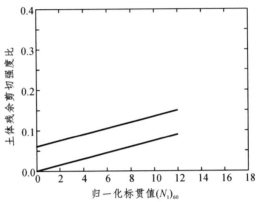

图 2-7　残余剪切强度比与归一化标贯值关系
——Olson 和 Stark 计算式[50]

Idriss 和 Boulanger[115]提出土体残余剪切强度与上覆有效应力比和等效纯净砂修正标贯值$(N_1)_{60-cs}$的表达式。该表达式是对 Seed[111]、Seed 和 Harder[112]及 Olson 和 Stark[50]计算式中的流滑实例进行分析总结后提出的，剔除了不可靠的工程实例。该表达式由同一起点开始并随后分为两条曲线，当土体的等效纯净砂修正标贯值$(N_1)_{60-cs}$大于 8 击/0.3m 时或静力触探值大于 7.8 MPa 时，曲线分叉，其中一条曲线主要不考虑孔隙重分布的现象，而另外一条曲线考虑土体中的孔隙重分布现象。图 2-8 所示为 Idriss 和 Boulanger 提出的土体残余剪切强度与上覆有效应力比和等效纯净砂修正标贯值$(N_1)_{60-cs}$的曲线形式，虚线为 Idriss 和 Boulanger 提供的曲线拓展范围。

Robertson[116]根据临界状态土力学，综合 12 个侧移实例，研究了残余剪切强度比（残余剪切强度与初始竖向有效应力比）与等效纯净砂的归一化静力触探值$(q_1)_{cs}$的关系，其中$(q_1)_{cs}$适用范围为静力触探值小于 7.0 MPa。

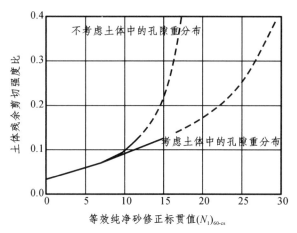

图 2-8　残余剪切强度比与等效纯净砂修正标贯值关系
——Idriss 和 Boulanger 计算式[115]

Kramer 等[117, 118]认为土体残余剪切强度和上覆有效应力比与归一化标贯值是非线性关系，因此他们提出根据不同应力水平确定土体残余剪切强度与土体的归一化标贯值关系的方法。图 2-9 给出了该计算式在不同应力水平下的计算曲线。

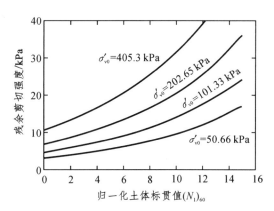

图 2-9　残余剪切强度比与归一化标贯值关系
——Kramer 和 Wang 计算式[117, 118]

Olson 等[49]对 39 个侧移实例进行了分析，根据 Newmark 滑块法重新计算了每个侧移实例的侧移值并提出了关于土体残余剪切强度和上覆有效应力比与归一化标贯值或土体静力触探值的计算表达式。图 2-10 给出了该计算式中土体残余剪切强度和上覆有效应力比与土体归一化标贯值的关系曲线，虚线对应为 Olson 提供的拓展范围。

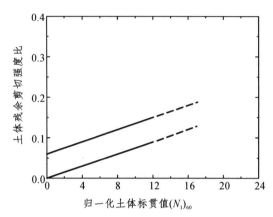

图 2-10　土体残余剪切强度比与归一化标贯值关系
——Olson 和 Johnson 计算式[49]

Weber[119]通过回归分析建立了残余剪切强度比（残余剪切强度与初始竖向有效应力之比）与土体等效纯净砂修正标贯值$(N_1)_{60-cs}$以及竖向有效应力 σ'_{vo} 间的概率关系。

表 2-1 给出了不同的可液化土的残余剪切强度计算式的来源和所需的标贯值参数。土体残余剪切强度主要取决于可液化土的上覆有效应力、土体的标贯值或者静力触探值等因素。由于土体残余剪切强度的计算公式是由相关地震记录得到，因此其准确性取决于地震流滑或侧移的实例数量。Olson 等[49]在其研究中指出，当使用 Newmark 滑块法对液化侧移进行反分析（back-calculation）时，液化侧移中液化土的残余剪切强度与上覆有效应力的比和流滑中液化土的残余剪切强度与上覆有效应力的比相同，流滑对应的液化后土体强度也可以作为液化侧移对应的土体残余剪切强度的下限值[120]。其中的 Idriss 和 Boulanger 计算公式、Kramer 和 Wang 计算公式及 Olson 和 Johnson 计算公式在工程计算中应用广泛，本书采用以上 3 个计算式对液化侧移中的液化土残余剪切强度进行计算。

表 2-1　可液化土的残余剪切强度计算式

来源	所需参数
Seed[111]计算式	等效纯净砂修正标贯值$(N_1)_{60-cs}$
Idriss[10]计算式	等效纯净砂修正标贯值$(N_1)_{60-cs}$
Stark 和 Mersi[114]计算式	等效纯净砂修正标贯值$(N_1)_{60-cs}$
Olson 和 Stark[112]计算式	归一化标贯值$(N_1)_{60}$
Idriss 和 Boulanger[115]计算式	等效纯净砂修正标贯值$(N_1)_{60-cs}$
Olson 和 Johnson[49]计算式	归一化标贯值$(N_1)_{60}$
Kramer 和 Wang[117, 118]计算式	归一化标贯值$(N_1)_{60}$
Robertson[116]计算式	等效纯净砂静力触探值$(q_1)_{cs}$
Weber[119]计算式	等效纯净砂修正标贯值$(N_1)_{60-cs}$

2.2　基于 Newmark 滑块法和液化土残余剪切强度计算液化侧移

Newmark 滑块法如图 2-11 和 2-12 所示。如图 2-12 所示，在 Newmark 滑块法中，假定地面为刚性体，当作用于滑块的平均加速度大于屈服加速度时，土体产生位移；当土体与滑动面之间的相对速度为 0 时，土体停止运动。土体的平均加速度是指作用在土体质心处的地震系数，与作用在土体上的剪切应力成正比，滑块与滑面的相对加速度的双重积分是场地的永久地震位移。

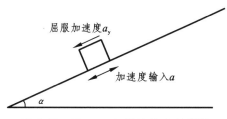

图 2-11　Newmark 滑块法中的滑块

Baziar 等[40]、Taboada 等[41]、Taboada 等[45, 46]、景立平等[42, 43]、Olson 和 Johnson[49]、Makdisi[51]等利用 Newmark 滑块法计算液化侧移。Newmark

滑块法的关键因素之一是确定屈服加速度，如图 2-13 所示，屈服加速度是指使场地或边坡等安全系数 f_s = 1.0 对应的水平地震系数。为了得到屈服加速度，需要对场地进行极限平衡分析，而在极限平衡分析中的关键因素是确定土体的剪切强度。

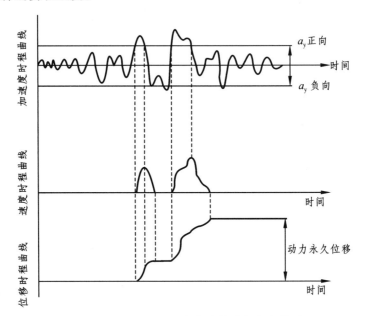

图 2-12　Newmark 滑块法计算动力永久位移

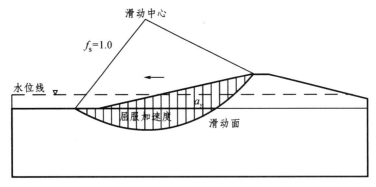

图 2-13　屈服加速度

根据液化侧移的特点：场地液化后，其对应的安全系数 f_s=1.0，在从液化到地震停止这段时间内，上覆土产生侧移；且在这段时间内，液化土一直具有残余剪切强度。该剪切强度一直小于由地震和自重引起的剪切力，大于由自重引起的剪切力，侧移仅在液化开始到地震停止前这段时间内产生，且沿着液化土形成的滑动面，克服相应的屈服加速度进行滑动并产生累积位移。因此，液化土的残余剪切强度对应的屈服加速度可以作为使用 Newmark 滑块法计算液化侧移时的屈服加速度。

综上，我们提出依据液化土残余剪切强度和 Newmark 滑块法的液化侧移计算方法，图 2-14 所示为该计算方法的流程图。其具体计算步骤如下：

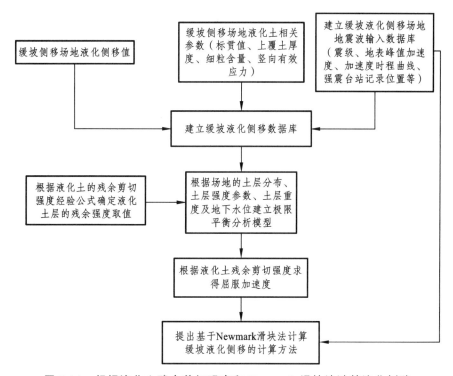

图 2-14　根据液化土残余剪切强度和 Newmark 滑块法计算液化侧移

（1）根据场地的地层分布、土层强度参数、土体容重、地下水位置建立极限平衡分析模型，其中非液化土采用莫尔-库仑本构模型，液化土采用残余剪切强度，根据极限平衡分析法，通过试算，给定土体不同的动力系数，得到场地对应的屈服加速度（安全系数等于 1.0 时对应的动力系数）。

（2）选取 Newmark 滑块法的地震输入，尽可能选择场地附近的地震记录；当不存在近场地地震记录时，选用基岩地震波。

（3）根据 Newmark 滑块法和相应的屈服加速度计算场地的液化侧移值。

通过整理有关文献和地震输入数据库，建立包含液化侧移场地侧移值、场地剖面、地震输入、峰值加速度、液化土标贯值、液化土残余剪切强度、液化深度等详细参数的液化侧移实例库，采用 3 个不同的液化土残余剪切强度计算公式，根据液化土的标贯值对液化土的残余剪切强度进行计算。针对每个侧移实例，对应得到 3 个不同的屈服加速度，利用 Newmark 滑块法和不同的屈服加速度分析得到液化侧移并与场地记录侧移值进行对比分析。

2.3 液化侧移实例的 Newmark 滑块位移分析

本章搜集整理了 9 个地震中的 23 个液化侧移实例，建立了液化侧移实例库。步骤如下：首先依据 Olson 和 Johnson[49]给出的侧移案例提示，查找侧移实例相关一手文献和研究报告，仅保留具有完整信息的液化侧移实例。每个液化侧移实例包含详细的地层剖面，根据相关文献整理侧移场地液化土标贯值、细粒含量、现场测量的液化侧移值，通过查找地震波数据库[121]在整理地附近的台站得到代表性的地震输入或者自由场地震输入。

表 2-2 给出了本章分析的 23 个液化侧移实例，对应地震矩震级范围为 $6.4 \sim 7.6$。根据相应场地的台站记录，地震波的峰值加速度范围为 $0.15g \sim 0.85g$。表 2-2 列出了每个液化侧移实例中的文献来源、液化土的标贯值（SPT）、每个实例对应的侧移值。其中 SPT 值为归一化标贯值 $(N_1)_{60}$，部分实例也给出了经细粒含量修正后等效纯净砂修正标贯值 $(N_1)_{60-cs}$。对于没有等效纯净砂修正标贯值 $(N_1)_{60-cs}$ 的实例，该值根据 Seed 和 Harder 的细粒含量修正公式[112]进行修正。

表 2-2　液化侧移实例

侧移编号	场地位置	地震	地震震级	PGA/g	液化土的标贯值	侧移现场观测值/m	文献来源
1	Juvenile hall	San Fernando, U.S. (1971)	$M_l = 6.4$	0.7	$(N_1)_{60} = 6.9$	1.5	Bennett[122]
2	Heber Road	Imperial Valley, U.S. (1979)	$M_l = 6.6$	0.8	$(N_1)_{60} = 1.0$	2.1	Castro[123]、Youd 和 Bennett[124]
3	Whiskey Springs fan	Borah Peaks, U.S. (1983)	$M_s = 7.3$	0.6	$(N_1)_{60} = 13$	0.75	Andrus 和 Youd[125]
4	Wildlife Site	Superstition Hills, U.S. (1987)	$M_w = 6.6$	0.21	$(N_1)_{60-cs} = 12.7$	0.18	Holzer 等[126]、Boulanger 等[127]、Idriss 和 Boulanger[128]
5	Moss Landing Bldg4	Loma Prieta, U.S. (1989)	$M_w = 7.0$	0.25	$(N_1)_{60} = 10$	0.28	Boulanger 等[129]
6	Moss Landing Bldg3	Loma Prieta, U.S. (1989)	$M_w = 7.0$	0.25	$(N_1)_{60} = 10$	0.25	Boulanger 等[129]
7	MLML eastward (A-A)	Loma Prieta, U.S. (1989)	$M_w = 7.0$	0.25	$(N_1)_{60} = 14.6$	0.45	Mejia[130]
8	MLML eastward (B-B)	Loma Prieta, U.S. (1989)	$M_w = 7.0$	0.25	$(N_1)_{60} = 14.6$	0.45	Mejia[130]
9	Leonardini Farm	Loma Prieta, U.S. (1989)	$M_w = 7.0$	0.16	$(N_1)_{60} = 4.3$	0.25	Charlie 等[131]
10	Treasure island	Loma Prieta, U.S. (1989)	$M_w = 7.0$	0.16	$(N_1)_{60} = 10$	0.25	Power 等[132]
11	Rudbanch town canal	Manjil, Iran (1990)	$M_s = 7.7$	0.15	$(N_1)_{60} = 8.6$	1.0	Yegian 等[133]
12	Balboa Blvd	Northridge, U.S. (1994)	$M_s = 6.8$	0.85	$(N_1)_{60-cs} = 21$	0.5	Holzer 等[134]

续表

侧移编号	场地位置	地震	地震震级	PGA/g	液化土的标贯值	侧移现场观测值/m	文献来源
13	Wynne Ave	Northridge, U.S. (1994)	$M_s = 6.8$	0.51	$(N_1)_{60-cs} = 14.2$	0.15	Holzer 等[134]，Olson 和 Johnson[49]，Idriss 和 Boulanger[128]
14	雾峰 C 场地 (A-A)	Chi-Chi, Taiwan, China (1999)	$M_w = 7.6$	0.81	$(N_1)_{60} = 3.5$	2.05	Chu 等[135]
15	雾峰 C 场地 (B-B)	Chi-Chi, Taiwan, China (1999)	$M_w = 7.6$	0.81	$(N_1)_{60} = 3.5$	0.49	Chu 等[135]
16	雾峰 C1 场地	Chi-Chi, Taiwan, China (1999)	$M_w = 7.6$	0.81	$(N_1)_{60} = 14.5$	1.24	Chu 等[135]
17	雾峰 B 场地	Chi-Chi, Taiwan, China (1999)	$M_w = 7.6$	0.81	$(N_1)_{60} = 1.0$	2.96	Chu 等[135]
18	雾峰 M 场地	Chi-Chi, Taiwan, China (1999)	$M_w = 7.6$	0.81	$(N_1)_{60} = 11.5$	1.62	Chu 等[135]
19	南投 N 场地	Chi-Chi, Taiwan, China (1999)	$M_w = 7.6$	0.42	$(N_1)_{60} = 9.0$	0.25	Chu 等[135]
20	Hotel Sapanca	Kocaeli, Turkey (1999)	$M_w = 7.4$	0.4	$(N_1)_{60} = 13.4$	2.0	Cetin 等[136]
21	Police Station	Kocaeli, Turkey (1999)	$M_w = 7.4$	0.4	$(N_1)_{60} = 5.0$	2.4	Cetin 等[137]
22	Soccer Field	Kocaeli, Turkey (1999)	$M_w = 7.4$	0.4	$(N_1)_{60} = 7.0$	1.2	Cetin 等[137]
23	Yalova Harbor	Kocaeli, Turkey (1999)	$M_w = 7.4$	0.3	$(N_1)_{60} = 14.5$	0.3	Cetin 等[137]

2.3.1　应用 Newmark 滑块法分析液化侧移实例

本节采用 Rocscience 公司的 Slide 5.0[138]计算屈服加速度，根据 Morgenstern-Price 极限平衡法求解，分析中的场地剖面、地下水水位、非液化土的单位容重和抗剪强度根据相关文献设置，分别采用 Idriss 和 Boulanger[115]、Olson 和 Johnson[49]以及 Kramer 和 Wang[118]三种计算式并根据液化土标贯值计算残余剪切强度；采用 SLAMMER[139]进行 Newmark 滑块法计算，液化侧移符合单向位移假设（downslope displacement），假设滑块位移为单向位移，即滑块仅在滑动方向上累计位移。针对每个液化侧移实例，依据侧移实例的地面峰值加速度和场地与台站的距离，在 SLAMMER[139]的地震波数据库（SLAMMER 数据库中地震波来自 PEER[121] 数据库）中选取代表性地震波，共选用 73 条地震波。针对每个侧移实例，依据可选地震波的数量，最少使用两条地震波，至多使用 6 条地震波。

表 2-3 给出了在 Newmark 滑块法分析中对应每个液化侧移实例的地震加速度输入，每条地震输入对应为两个液化侧移值——正向液化侧移值和反向液化侧移值，分别对应地震输入的正向加速度和反向加速度。表 2-3 还给出了地震波的编号、地震输入与侧移场地的距离以及地震波对应的 NEHRP 场地[140]分类。经计算，共得到 422 个侧移值：当液化侧移实例中的$(N_1)_{60}<15$ 时，69 条地震波中每条地震波计算得到对应 3 种屈服加速度的 6 个侧移值；对于液化侧移实例 12，液化土的归一化标贯值$(N_1)_{60}>16$，超过了两个计算式的适用范围，因此仅采用 Idriss 和 Boulanger 计算式[115]计算液化土的残余剪切强度并修正为纯净砂修正标贯值，选用 4 条地震波，且每条地震波得到 2 个侧移值。

表 2-3　液化侧移实例计算中的地震输入

侧移实例编号	场地位置	地震名称	加速度输入时程曲线	PGA/g	地震输入距侧移的位置/km	NEHRP 场地分类[140]
1	Juvenile Hall	1971 San Fernando	PAS-000	0.088	38.67	D
			PAS-090	0.110		
			PDL-120	0.121	44.74	D
			PDL-210	0.151		

侧移实例编号	场地位置	地震名称	加速度输入时程曲线	PGA/g	地震输入距侧移的位置/km	NEHRP 场地分类[140]
2	Heber Road	1979 Imperial Valley	BCR-140	0.588	7.40	D
			BCR-230	0.775		
			AGR-003	0.370	15.67	D
			SHP-270	0.506	13.44	C
3	Whiskey springs fan	1983 Borah Peaks	BOR-000	0.055	8.26	C
			BOR-090	0.073		
4	Wildlife site	1987 Superstition Hills	IVW-090	0.177	0	D
			WSM-090	0.172	10.87	D
			WSM-180	0.211		
5	Moss Landing MBARI Bldg 4	1989 Loma Prieta	GOF-160	0.284	30.15	D
			GOF-250	0.241		
			HCH-090	0.247	34.80	D
			HCH-180	0.215		
			HDA-165	0.269	34.72	D
			HDA-255	0.279		
6	Moss Landing MBARI Bldg 3	1989 Loma Prieta	GOF-160	0.284	30.15	
			GOF-250	0.241		
			HCH-090	0.247	34.80	D
			HCH-180	0.215		
			HDA-165	0.269	34.72	D
			HDA-255	0.279		
7	Moss Landing MLML Bldg	1989 Loma Prieta	AND-250	0.244	43.17	D
			AND-340	0.240		
			G02-000	0.367	29.00	D
			GO2-090	0.322		
			HCH-090	0.247	34.92	D
			HCH-180	0.215		
8	Moss Landing MLML Bldg	1989 Loma Prieta	AND-250	0.244	43.17	D
			AND-340	0.240		
			G02-000	0.367	29.00	D
			GO2-090	0.322		
			HCH-090	0.247	34.92	D
			HCH-180	0.215		
9	Leonardini Farm	1989 Loma Prieta	G02-000	0.367	34.16	D
			G02-090	0.322		
			HCH-090	0.247	36.32	D
			HCH-180	0.215		

续表

侧移实例编号	场地位置	地震名称	加速度输入时程曲线	PGA/g	地震输入距侧移的位置/km	NEHRP 场地分类[140]
10	Treasure Island	1989 Loma Prieta	TRI-000	0.10	0.813	E
			TRI-090	0.159		
11	Rudbaneh Town canal	1990 Manjil	188040	0.097	29.06	D
			188310	0.086		
12	Balboa Blvd	1994 Northridge	PAR-L	0.657	4.01	D
			PAR-T	0.406		
			SYL-090	0.604	7.34	D
			SYL-360	0.843		
13	Wynne Ave.	1994 Northridge	CNP-106	0.358	7.01	D
			CNP-196	0.392		
			SCE-288	0.493	11.44	D
			STC-090	0.368	2.11	D
			STC-180	0.477		
14	雾峰 C 场地（A-A'）	1999 Chi-Chi	TCU065-000	0.603	0.80	D
			TCU065-090	0.814		
15	雾峰 C 场地（B-B'）	1999 Chi-Chi	TCU065-000	0.603	0.80	D
			TCU065-090	0.814		
16	雾峰 C1 场地	1999 Chi-Chi	TCU065-000	0.603	0.801	D
			TCU065-090	0.814		
17	雾峰 B 场地	1999 Chi-Chi	TCU065-000	0.603	0.96	D
			TCU065-090	0.814		
18	雾峰 M 场地	1999 Chi-Chi	TCU065-000	0.603	0.73	D
			TCU065-090	0.814		
19	南投 N 场地	1999 Chi-Chi	TCU076-000	0.416	1.97	D
			TCU076-090	0.303		
20	Hotel Sapanca	1999 Kocaeli	YPT-060	0.268	43.15	D
			YPT-330	0.349		
21	Police Station	1999 Kocaeli	YPT-060	0.268	15.68	D
			YPT-330	0.349		
22	Soccer Field	1999 Kocaeli	YPT-060	0.268	14.95	D
			YPT-330	0.349		
23	Yalova Harbor	1999 Kocaeli	YPT-060	0.268	43.10	D
			YPT-330	0.349		

2.3.2 计算实例

为进一步说明 Newmark 滑块法计算液化侧移的具体步骤，本节以 23
个液化侧移实例中的 1 个实例予以详细介绍。Chu 等[135]在 2006 年对 1999
年中国台湾地区的 Chi-Chi（集集）地震中的雾峰液化侧移进行了地质调查，
本节选雾峰 M 场地的液化侧移进行分析。该侧移位于一家餐馆的停车场内，
该停车场以西为干涸的河道（DryCreek），在停车场以南为 Lai-yuan Creek，
场地的液化侧移值为 1.62 m。图 2-15 所示为场地的平面图和地裂缝位置。
图 2-16 所示为该场地剖面图。图 2-16 中的 WS-1 和 WS-2 为标贯试

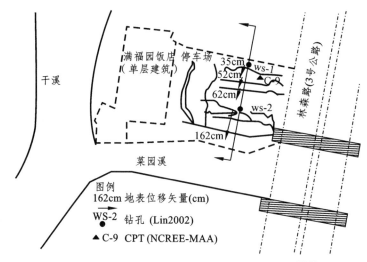

图 2-15　场地的平面图和场地的地裂缝位置[135]

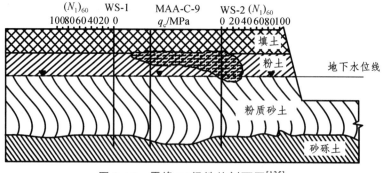

图 2-16　雾峰 M 场地的剖面图[135]

验钻孔位置，CPT 钻孔 C-9 来自 NCREE 调查报告[141]。该场地的坡度为 1.1%，地下水位于地表下 2 m 处，土层 SM（粉质砂土）为液化土。表 2-4 给出了在极限平衡分析中的土体参数及根据标贯值求得的残余剪切强度。其中：土的单位容重根据 Christopher 等[142]的研究成果设置，土的分类根据 USCS 分类确定，土的内摩擦角和黏聚力根据 Ortiz 等[143]的研究成果取值。根据 Chu[135]的地质调查结果，土层 SM（粉质砂土）的标贯值范围是 5~18，因此取中间值 11.5 作为计算土体残余剪切强度所需标贯值，$(N_1)_{60} = 11.5$。根据 USCS 土体的分类，液化土的细粒含量为 12%。由极限平衡分析得到，基于 Olson 和 Johnson 计算式[49]的残余剪切强度对应的屈服加速度为 0.05g，基于 Kramer 和 Wang 计算式[117, 118]的残余剪切强度对应的屈服加速度为 0.09g，基于 Idriss 和 Boulanger 计算式[115]的残余剪切强度对应的屈服加速度为 0.075g。

表 2-4　雾峰 M 场地土体参数

土体分类	干容重/（kN/m³）	饱和容重/（kN/m³）	黏聚力/kPa	内摩擦角/(°)	残余剪切强度/kPa		
					Idriss 和 Boulanger 计算式[115]	Kramer 和 Wang 计算式[117, 118]	Olson 和 Johnson 计算式[49]
填土（Fill）	18.0		20	45	N.A.		
粉土（ML）	16.0		0	32	N.A.		
粉质砂土（SM）	16.0	19.8		33	8.21	10.59	6.96
砂砾土（GM）	16.0	20.1	2	45	N.A.		

在极限平衡分析中，破坏面延伸至距临空面 3.1 m 处，而在 Chu[135]的地质调查中，地裂缝距临空面的最大距离为 32 m。在极限平衡分析中，屈

服加速度主要取决于浅层破裂面对应的残余剪切强度，而距临空面较远的破裂面对屈服加速度的计算影响不大。在其余液化侧移实例计算中，极限平衡分析中的破裂面与相关文献中的场地变形区域基本一致。

选用由 TCU065 台站记录的强震记录作为地震输入，两条地震波的峰值加速度分别为 0.814g 和 0.603g。该台站距离场地约 0.73 km。根据 NEHRP 的场地分类规定，该场地为 D 类场地。将两条地震波缩放至场地记录的峰值加速度 0.81g 作为地震输入。表 2-5 给出了侧移实例的现场测量值及 3 个屈服加速度对应的液化侧移值，其中每个屈服加速度对应 2 个侧移值（正向和反向侧移值）。

表 2-5　侧移实例的现场测量值及对应的液化侧移值

残余剪切强度计算式	屈服加速度/g	地震输入	正向/m	反向/m	平均值/m
Idriss 和 Boulanger[115] 计算式	0.075	TCU065-000	4.68	4.58	4.63
		TCU065-090	2.88	2.82	2.85
Kramer 和 Wang[117, 118] 计算式	0.09	TCU065-000	3.63	3.62	3.62
		TCU065-090	2.07	2.05	2.06
Olson 和 Johnson[49] 计算式	0.05	TCU065-000	7.47	6.85	7.16
		TCU065-090	5.18	5.03	5.11

注：液化侧移现场记录值为 1.62 m。

根据计算实例中的计算步骤对表 2-2 中的侧移实例进行分析，表 2-6 列出了对应每个侧移实例的编号、土体的标贯值、滑动面深度、滑面上对应的竖向有效应力、不同计算公式对应的残余剪切强度及相应的屈服加速度。

表 2-6　侧移实例的液化土残余剪切强度、滑动深度及屈服加速度

编号	场地位置	归一化标贯值 $(N_1)_{60}$	细粒含量 F_c/%	修正增量 ΔN	修正标贯值 $(N_1)_{60-cs}$	残余剪切强度/kPa			滑动深度 /m	竖向有效应力 /kPa	屈服加速度 /g		
						Idriss 和 Boulanger 计算式[115]	Kramer 和 Wang 计算式[117,118]	Olson 和 Johnson 计算式[49]			Idriss 和 Boulanger 计算式[115]	Kramer 和 Wang 计算式[117,118]	Olson 和 Johnson 计算式[49]
1	Juvenile hall	6.9	35	2.8	9.7	8.25	8.02	7.04	6.39	85.86	0.08	0.076	0.072
2	Heber Road	1.0	20	1.67	2.7	2.85	3.69	2.32	5.21	61.97	0.006	0.021	0.004
3	Whiskey Springs	13.0	22	1.8	14.8	22.22	16.78	13.69	5.78	107.41	0.16	0.095	0.07
4	Wildlife Site	10.3	30	2.4	12.7	6.76	9.52	6.61	4.95	61.65	0.03	0.07	0.028
5	Moss Landing Bldg4	10.0	5	0.5	10.5	6.66	9.39	6.69	5.15	63.73	0.007	0.08	0.007
6	Moss Landing Bldg3	10.0	1	0.1	10.1	8.40	10.84	8.82	8.41	84.03	0.01	0.056	0.017
7	MLML eastward（A-A）	14.6	4	0.4	15.0	15.58	15.97	10.03	5.87	71.87	0.159	0.175	0.095
8	MLML eastward（B-B）	14.6	4	0.4	15.0	30.13	22.81	19.51	8.06	139.86	0.24	0.19	0.165
9	Leonardini Farm	4.3	8	0.8	5.1	1.80	3.60	1.87	2.87	29.97	0.15	0.20	0.15
10	Treasure island	10.0	10	1.0	11.0	4.87	7.79	4.62	4.34	43.99	0.055	0.095	0.05
11	Rudbanch town canal	8.63	4.6	0.46	9.1	20.92	16.30	22.03	15.02	232.52	0.036	0.02	0.036

续表

编号	场地位置	归一化标贯值 $(N_1)_{60}$	细粒含量 F_c/%	修正增量 ΔN	修正标贯值 $(N_1)_{60-cs}$	残余剪切强度 /kPa			滑动深度 /m	竖向有效应力 /kPa	屈服加速度 /g		
						Idriss 和 Boulanger 计算式[115]	Kramer 和 Wang 计算式[117,118]	Olson 和 Johnson 计算式[49]			Idriss 和 Boulanger 计算式[115]	Kramer 和 Wang 计算式[117,118]	Olson 和 Johnson 计算式[49]
12	Balboa Blvd	17.0	52	4.0	21.0	20.45	N.A.	N.A.	9.62	109.12	0.19	N.A.	N.A.
13	Wynne Ave	11.6	33	2.64	14.2	22.79	15.74	14.54	8.12	124.28	0.152	0.11	0.10
14	雾峰 C 场地（A-A）	3.5	25.5	3.04	6.5	5.55	5.45	4.51	10.41	80.18	0.09	0.09	0.08
15	雾峰 C 场地（B-B）	3.5	22	1.8	5.3	4.96	5.47	4.55	9.35	80.81	0.13	0.14	0.12
16	雾峰 C1 场地	14.5	22	1.8	16.3	10.59	16.36	10.65	5.60	76.79	0.105	0.17	0.105
17	雾峰 B 场地	10	22	1.8	11.8	6.99	9.68	7.10	6.15	67.64	0.05	0.1	0.05
18	雾峰 M 场地	11.5	12	1.13	12.6	8.21	10.59	6.96	4.50	59.83	0.075	0.09	0.05
19	南投 Site N	9	16.45	1.43	10.4	2.87	5.89	2.98	2.68	30.59	0.057	0.12	0.06
20	Hotel Sapanca	13.4	6.2	0.62	14.1	5.31	4.74	4.68	3.43	35.77	0.06	0.045	0.04
21	Police Station	5	24.55	1.97	7.0	2.15	3.86	2.50	2.82	29.73	0.006	0.08	0.02
22	Soccer Field	7	34	2.72	9.7	3.04	5.06	3.59	3.66	43.48	0.126	0.17	0.135
23	Yalova Harbor	14.53	20.8	1.72	16.3	11.28	16.99	11.40	7.76	82.03	0.08	0.16	0.083

2.3.3　侧移实例库的局限性

本节针对液化侧移实例库的局限性进行总结：

在 Wildlife Site 液化侧移实例中，通过对位于地下深度为 12 m 台站记录的地震进行卷积分析获得 Newmark 滑块法所需的地震波，该地震波记为 IVW-090，垂直于场地的临空面。

在 Heber Road、Treasure Island、Wynne Avenue、Balboa Blvd、雾峰和 Nantou 液化侧移实例中，Newmark 滑块法所需的地震波距离液化场地较近，其中距场地最远的台站记录是 Herber Road 侧移实例，台站与液化场地的距离为 15.67 km，因此需根据液化场地峰值加速度值选用适当的地震波，并将台站地震波对应的 PGA（峰值加速度）缩放至液化场地记录的峰值加速度。

对于 Juvenile Hall 和 Whiskey Springs Fan 液化场地，在场地附近不存在合适的地震波记录，两个液化侧移场地所用的地震记录的放大系数分别为 8.0 和 11.0。

分析所需的强震输入的峰值加速度一般为液化场地记录的峰值加速度的±60%。对于 Leonardini Farm 液化侧移实例，限于仅有的地震输入，其峰值加速度需乘以小于 0.5 的缩放系数。

尽管在我国几次大地震如唐山 7.8 级大地震、汶川 8.0 级地震中均存在液化及侧移实例[22, 23]，由于获取完整的液化场地地勘资料和附近场地地震波难度较大，因此在本书整理的实例库中仅给出我国台湾地区 1992 年集集（Chi-Chi）地震中的液化侧移实例。

Newmark 滑块分析中考虑的其他因素包括：

（1）在 Heber Road 侧移实例中，滑动面是根据 Castro[123]假设的滑动面确定的。

（2）在 Whiskey Springs 侧移实例中，滑动表面是根据 Andrus 和 Youd[125]所假设的表面确定的。

（3）在 Moss Landing Marine 侧移实例中，存在两个方向的侧移，本章仅考虑朝向 Old Salinas River 的液化侧移。

（4）在 Rudbanch 运河侧移实例中，根据 Yegian 等[133]的研究确定场地的液化土和场地剖面图。

2.4 液化侧移比的平均值和方差

表 2-7 列出了所有侧移实例对应的侧移计算值、在分析中的地震输入、对应每个屈服加速度得到的侧移、场地记录值，表 2-7 中还给出了正向和反向侧移值。对于实例 9，根据 Kramer 和 Wang[117, 118]计算式得到的屈服加速度大于场地的峰值加速度，因此根据 Kramer 和 Wang[117, 118]计算式得到的残余剪切强度对应的液化侧移为 0，根据其他两个计算式得到的残余剪切强度对应的液化侧移也基本为 0。对于侧移实例 12，仅对根据 Idriss 和 Boulanger[115]计算式得到的残余剪切强度对应的液化侧移值进行计算，由于土体的标贯值超出了另外两个计算公式的适用范围，故未进行侧移计算。

表 2-7　液化侧移实例计算值

侧移编号	地震加速度输入	Idriss 和 Boulanger 计算式[115] 正向/m	Idriss 和 Boulanger 计算式[115] 反向/m	Kramer 和 Wang 计算式[117, 118] 正向/m	Kramer 和 Wang 计算式[117, 118] 反向/m	Olson 和 Johnson 计算式[49] 正向/m	Olson 和 Johnson 计算式[49] 反向/m	现场观测值/m
1	PAS-000	1.08	0.98	1.14	1.05	1.21	1.13	1.50
	PAS-090	1.57	1.37	1.66	1.46	1.75	1.55	
	PDL-120	1.86	1.79	1.99	1.91	2.13	2.03	
	PDL-210	0.55	0.53	0.60	0.58	0.66	0.64	
2	AGR-003	6.54	4.14	2.55	2.06	9.16	5.09	2.10
	BCR-140	5.07	3.86	2.27	2.30	6.65	4.61	
	BCR-230	3.82	3.89	2.23	2.01	4.31	4.71	
	SHP-270	2.59	3.36	1.60	1.70	3.13	3.89	
3	BOR000	0.43	0.41	0.74	0.70	0.92	0.90	0.75
	BOR090	0.14	0.21	0.37	0.38	0.52	0.49	

续表

侧移编号	地震加速度输入	Idriss 和 Boulanger 计算式 [115] 正向/m	Idriss 和 Boulanger 计算式 [115] 反向/m	Kramer 和 Wang 计算式 [117, 118] 正向/m	Kramer 和 Wang 计算式 [117, 118] 反向/m	Olson 和 Johnson 计算式 [49] 正向/m	Olson 和 Johnson 计算式 [49] 反向/m	现场观测值/m
4	IVW-090	0.36	0.37	0.05	0.05	0.40	0.41	0.18
	WSM-090	0.38	0.50	0.06	0.09	0.43	0.55	
	WSM-180	0.47	0.66	0.01	0.17	0.51	0.71	
5	GOF-160	1.31	1.05	0.07	0.08	1.31	1.05	0.28
	GOF-250	0.96	0.60	0.03	0.03	0.96	0.60	
	HCH-090	3.16	2.32	0.12	0.06	3.16	2.32	
	HCH-180	3.52	3.60	0.45	0.24	3.52	3.60	
	HDA-165	1.72	1.81	0.06	0.10	1.72	1.81	
	HDA-225	1.87	1.78	0.11	0.08	1.87	1.78	
6	GOF-160	0.79	0.66	0.15	0.16	0.61	0.55	0.25
	GOF-250	0.58	0.37	0.07	0.05	0.45	0.28	
	HCH-090	1.78	1.33	0.23	0.15	1.27	0.95	
	HCH-180	2.24	2.25	0.71	0.45	1.80	1.79	
	HDA-165	1.07	0.96	0.14	0.19	0.86	0.74	
	HDA-225	1.11	1.04	0.18	0.16	0.86	0.75	
7	AND-250	0.01	0.00	0.00	0.00	0.04	0.02	0.45
	AND-340	0.01	0.00	0.00	0.00	0.04	0.02	
	G02-000	0.00	0.01	0.00	0.00	0.02	0.04	
	G02-090	0.01	0.01	0.00	0.00	0.05	0.05	
	HCH-090	0.02	0.00	0.02	0.00	0.08	0.02	
	HCH-180	0.03	0.02	0.02	0.01	0.33	0.16	
8	AND-250	0.00	0.00	0.00	0.00	0.01	0.00	0.45
	AND-340	0.00	0.00	0.00	0.00	0.01	0.00	
	G02-000	0.00	0.00	0.00	0.00	0.00	0.00	
	G02-090	0.00	0.00	0.01	0.00	0.01	0.00	
	HCH-090	0.00	0.00	0.01	0.00	0.02	0.00	
	HCH-180	0.00	0.00	0.01	0.01	0.03	0.02	

续表

侧移编号	地震加速度输入	Idriss 和 Boulanger 计算式[115]_正向/m	Idriss 和 Boulanger 计算式[115]_反向/m	Kramer 和 Wang 计算式[117,118]_正向/m	Kramer 和 Wang 计算式[117,118]_反向/m	Olson 和 Johnson 计算式[49]_正向/m	Olson 和 Johnson 计算式[49]_反向/m	现场观测值/m
9	G02-000	0.00	0.00	0.00	0.00	0.00	0.00	0.25
	G02-090	0.00	0.00	0.00	0.00	0.00	0.00	
	HCH-090	0.00	0.00	0.00	0.00	0.00	0.00	
	HCH-180	0.00	0.00	0.00	0.00	0.00	0.00	
10	TRI-000	0.05	0.13	0.01	0.02	0.06	0.15	0.25
	TRI-090	0.09	0.18	0.00	0.05	0.11	0.21	
11	MANJIL-188040	0.13	0.13	0.39	0.39	0.13	0.13	1.00
	MANJIL-188310	0.36	0.43	1.08	1.02	0.36	0.43	
12	PAR-L	0.44	0.55	N.A.	N.A.	N.A.	N.A.	0.50
	PAR-T	0.87	0.76	N.A.	N.A.	N.A.	N.A.	
	SYL-090	0.47	0.15	N.A.	N.A.	N.A.	N.A.	
	SYL-360	0.40	0.23	N.A.	N.A.	N.A.	N.A.	
13	CNP-106	0.16	0.12	0.32	0.26	0.37	0.31	0.15
	CNP-196	0.22	0.29	0.43	0.55	0.52	0.64	
	SCE-288	0.17	0.21	0.35	0.36	0.40	0.41	
	STC-090	0.11	0.13	0.25	0.27	0.30	0.32	
	STC-180	0.36	0.35	0.59	0.61	0.67	0.69	
14	TCU065-000	3.63	3.62	3.63	3.62	4.28	4.24	2.05
	TCU065-090	2.07	2.05	2.07	2.05	2.59	2.54	
15	TCU065-000	2.01	1.89	1.73	1.60	2.32	2.23	0.49
	TCU065-090	0.96	0.79	0.79	0.61	1.16	1.01	
16	TCU065-000	2.89	2.85	1.11	1.01	2.89	2.85	1.20
	TCU065-090	1.53	1.46	0.49	0.25	1.53	1.46	

侧移编号	地震加速度输入	Idriss 和 Boulanger 计算式[115] 正向/m	Idriss 和 Boulanger 计算式[115] 反向/m	Kramer 和 Wang 计算式[117, 118] 正向/m	Kramer 和 Wang 计算式[117, 118] 反向/m	Olson 和 Johnson 计算式[49] 正向/m	Olson 和 Johnson 计算式[49] 反向/m	现场观测值/m
17	TCU065-000	7.47	6.86	3.11	3.10	7.47	6.86	2.96
	TCU065-090	5.18	5.03	1.67	1.64	5.18	5.03	
18	TCU065-000	4.68	4.58	3.63	3.62	7.47	6.85	1.62
	TCU065-090	2.88	2.82	2.07	2.05	5.18	5.03	
19	TCU076-000	0.86	0.58	0.22	0.11	0.81	0.53	0.25
	TCU076-090	1.23	1.16	0.28	0.26	1.12	1.06	
20	YPT-060	1.92	1.33	2.81	2.43	3.23	2.98	2.00
	YPT-330	0.76	0.83	1.18	1.16	1.37	1.32	
21	YPT-060	11.53	10.95	1.16	0.61	6.26	5.98	2.40
	YPT-330	6.41	6.14	0.47	0.52	3.02	2.49	
22	YPT-060	0.29	0.19	0.08	0.07	0.22	0.15	1.20
	YPT-330	0.12	0.16	0.01	0.04	0.09	0.12	
23	YPT-060	0.41	0.23	0.02	0.02	0.35	0.21	0.30
	YPT-330	0.17	0.19	0.00	0.01	0.15	0.17	

图 2-17 所示为每个液化侧移实例对应的计算值与场地侧移记录值。针对每个侧移实例，图中仅给出所有侧移计算值的平均值（每个实例采用所有地震波的正反向侧移的平均值），定义侧移比为计算侧移值与场地记录值的比，得到 64 个侧移比（其中：21 个实例中每个残余剪切强度计算公式对应 1 个侧移比，共 63 个，实例 12 仅存在 1 个侧移比），实例 9 动力系数大于输入地震的峰值加速度（PGA），因此无侧移比。表 2-8 给出了每个侧移实例对应不同残余剪切强度计算公式的侧移比，计算每个残余剪切强度计算公式对应侧移比的平均值和标准差。对于 Idriss 和 Boulanger 计算式[115]，侧移比的平

均值等于 1.80，标准差为 1.76；对于 Kramer 和 Wang 计算式[117, 118]，侧移比的平均值等于 0.80，标准差等于 0.74；对于 Olson 和 Johnson 计算式[49]，侧移比的平均值等于 1.96，标准差为 1.71。

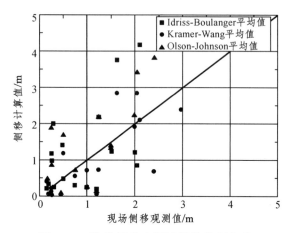

图 2-17　液化侧移实例计算值的平均值

表 2-8　不同残余剪切强度对应的侧移比（计算值/观测值）

侧移实例编号	残余剪切强度计算式		
	Idriss 和 Boulanger 计算式[115]	Kramer 和 Wang 计算式[117, 118]	Olson 和 Johnson 计算式[49]
1	0.81	0.87	0.93
2	1.98	1.00	2.47
3	0.40	0.73	0.95
4	1.94	0.33	2.56
5	7.05	0.43	7.05
6	4.73	0.88	3.64
7	0.02	0.00	0.16
8	0.00	0.00	0.02
10	0.45	0.08	0.53
11	0.26	0.72	0.26
12	0.97	N.A.	N.A.
13	1.40	2.60	3.07
14	1.39	1.39	1.66

侧移实例编号	残余剪切强度计算式		
	Idriss 和 Boulanger 计算式[115]	Kramer 和 Wang 计算式[117, 118]	Olson 和 Johnson 计算式[49]
15	2.88	2.43	3.43
16	1.76	0.58	1.76
17	2.07	0.80	1.72
18	2.31	1.75	3.79
19	3.83	0.87	3.52
20	0.61	0.95	1.11
21	3.65	0.29	1.58
22	0.16	0.04	0.12
23	0.83	0.02	0.73
平均值	1.80	0.80	1.96
标准差	1.76	0.74	1.71

2.5　根据 Newmark 滑块法计算液化侧移计算方法的概率分析

将每个残余剪切强度计算公式对应的侧移比作统计分析，作侧移比的直方图。对比截断正态分布、对数正态分布及指数分布，其中以侧移比为 0 作为左限的截断正态分布符合直方图变化规律。

2.5.1　截断正态分布概率密度函数

假设变量 X 服从标准正态分布 $x \sim N(u, \sigma^2)$，其方差为 σ，平均值为 u。当变量 x 取值范围为 $x \in (a, b)$，且 $-\infty \leqslant a \leqslant b \leqslant +\infty$ 时，X 的概率密度函数由公式计算：

$$f\left(x; u, \sigma, a, b\right) = \frac{\frac{1}{\sigma}\phi\left(\frac{x-u}{\sigma}\right)}{\Phi\left(\frac{b-u}{\sigma}\right) - \Phi\left(\frac{a-u}{\sigma}\right)} \qquad (2\text{-}4)$$

式中：$\phi\left(\dfrac{x-u}{\sigma}\right)$ 是指变量 x 符合平均值 $u = 0$、方差值为 $\sigma = 1.0$ 的标准正态

分布的概率密度函数公式，$\phi\left(\dfrac{x-u}{\sigma}\right)=\phi(0,1,x)=\dfrac{1}{2\pi}\mathrm{e}^{-\frac{1}{2}x^2}$，在一定范围内积分得到 $x\in(a,b)$ 的概率分布如式（2-5）所示：

$$P(a\leqslant x\leqslant b)=\int_a^b \phi(0,1,x)\mathrm{d}x \qquad (2\text{-}5)$$

$\varPhi\left(\dfrac{x-u}{\sigma}\right)$ 为符合平均值 $u=0$、方差值为 $\sigma=1.0$ 的标准正态分布的累计分布函数，如式（2-6）所示：

$$\varPhi(x)=\int_{-\infty}^{x}\frac{1}{\sqrt{2\pi}}\mathrm{e}^{\frac{-x^2}{2}}\mathrm{d}x \qquad (2\text{-}6)$$

编制相应的 Excel 程序，针对不同残余剪切强度对应的侧移比，首先利用正态分布进行描述，根据正态分布的平均值和方差绘制正态分布概率密度函数。设定截断正态分布的左右限，求得截断正态分布的概率密度曲线，求截断正态分布对应的平均值和方差，根据截断正态分布的概率密度曲线，可以分别求解不同侧移比对应的概率和一定概率条件下对应的侧移比。

2.5.2 液化侧移计算方法概率分析

图 2-18 仅给出 Olson 和 Johnson[49]残余剪切强度计算式对应的侧移比直方图及截断正态分布曲线，对侧移比首先进行频数统计，并利用截断正态分布对频数分布进行描述，根据 2.5.1 节的计算方法求不同残余剪切强度计算式对应的概率。

根据截断正态分布，考虑由残余剪切强度计算式和 Newmark 滑块法得到的侧移值并考虑 2.0 的安全系数，分析计算每个残余剪切强度计算式对应的侧移比大于 0.5 的概率，即 2 倍场地侧移计算值大于记录侧移值的概率。表 2-9 列出了三个不同残余剪切强度公式的概率值。对于 Idriss 和 Boulanger[115]计算式，概率为 94%；对于 Olson 和 Johnson[49]计算式，概率为 97%；对于 Kramer 和 Wang[117, 118]计算式，概率为 85%。

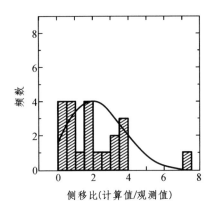

图 2-18　Olson 和 Johnson[49]残余剪切强度计算式对应的
侧移比直方图及截断正态分布曲线

　　另外，将概率为 90%的侧移比作为判断标准，考察不同残余剪切强度计算式所得侧移值与实测值的接近程度，分别求 3 个残余剪切强度计算式对应的侧移比。由此求得 Olson 和 Johnson[49]计算式对应侧移比为 0.99 的概率为90%，Idriss 和 Boulanger[115]计算式对应侧移比为 1.45 的概率为90%，Kramer 和 Wang[117, 118]计算式对应侧移比为 2.63 的概率为90%。

　　结合表2-9，在截断正态分布情况下，求不同残余剪切强度的侧移比平均值和方差值：对于 Idriss 和 Boulanger 计算式[115]，侧移比的平均值等于1.78，标准差为0.98；对于 Kramer 和 Wang 计算式[117, 118]，侧移比的平均值等于1.14，标准差等于0.82；对于 Olson 和 Johnson 计算式，侧移比的平均值等于2.31，标准差为1.08。

　　分析可知，Kramer 和 Wang 计算式[117, 118]对应的液化侧移结果最为准确，最接近 1.14。但基于 Olson 和 Johnson 计算式[49]的侧移计算值安全系数最高，侧移比为 2.31，其对应的计算结果最为保守。因此将基于Olson 和 Johnson 计算式[49]的侧移计算值乘以安全系数 2.0，得到的侧移值大于现场观测侧移值的概率为97%。根据 Newmark 滑块法和 Olson 和Johnson 残余剪切强度计算式[49]计算得到的侧移值可作为计算侧移时的最大值。

表 2-9　侧移比统计概率值

残余剪切强度计算式	截断正态分布的平均值	截断正态分布的标准差	场地记录侧移值小于 2 倍计算侧移的概率	液化侧移大于现场记录值的概率为 90%对应的侧移比
Idriss 和 Boulanger 计算式[115]	1.78	0.98	94%	1.45
Kramer 和 Wang 计算式[117, 118]	1.14	0.82	85%	2.63
Olson 和 Johnson 计算式[49]	2.31	1.08	97%	0.99

2.6　本章小结

在根据经验公式法计算液化侧移时，未能考虑液化侧移的产生机理和液化土在侧移过程中的强度特性。Newmark 滑块法被用于未发生液化情况下地震引起的边坡、路基和堤坝的永久位移计算，也被用于破坏机理较为简单的液化侧移的计算。然而有关根据 Newmark 滑块法计算液化侧移的系统研究未有开展。

本章通过整理搜集相关液化侧移实例文献，根据相关地震波数据库及其他台站信息，建立了含有 23 个案例的液化侧移实例库，该实例库包含了每个液化侧移实例的地震输入、场地位置、场地液化土的残余剪切强度、滑动面深度、屈服加速度、液化侧移值等。根据液化侧移实例库，考虑侧移过程中液化土始终存在一定的残余剪切强度的特点，根据 Newmark 滑块法计算液化侧移并对该计算方法开展了系统的研究。选取液化侧移场地台站或距离场地较近台站记录的地震波作为 Newmark 滑块法的输入，当不存在场地附近地震波时，选用与液化场地相似场地记录地震波作为输入加速度，建立液化场地的地层剖面，确定土体的标贯值和其他土层参数。根据土体的标贯值，利用 3 个不同的计算式得到液化土的残余剪切强度，根据 Morgenstern-Price 极限平衡法计算液化场地的屈服加速度。假设滑块的运动为单向运动，根据每条地震波得到液化侧移的正向和反向位移值，并与现场的实测值进行对比。相关计算分析结果表明：

（1）基于 Newmark 滑块法和由液化土残余剪切强度对应的屈服加速度的液化侧移计算方法能够用于液化侧移计算中。当使用 Idriss 和 Boulanger 残余剪切强度计算式进行 Newmark 滑块法计算时，侧移比的平均值为 1.80，标准差为 1.76；当使用 Kramer 和 Wang 残余剪切强度计算式时，侧移比平均值为 0.80，标准差为 0.74；当使用 Olson 和 Johnson 残余剪切强度计算式时，侧移比的平均值为 1.96，标准差为 1.71。根据侧移比的分布，当使用 Kramer 和 Wang 计算式求得的液化土残余剪切强度进行 Newmark 滑块法计算时，计算得到的液化侧移值最为准确。

（2）基于侧移比的截断正态分布分析，采用 Olson 和 Johnson 计算式时，侧移值计算值与现场观测值之比大于 0.5 的概率为 97%。因此使用 Olson 和 Johnson 计算式得到的侧移值最保守且提供了较高的置信水平，根据 Newmark 滑块法、Olson 和 Johnson 残余剪切强度计算公式计算得到的侧移值可作为计算侧移时的最大值。

（3）由于具有详尽记录的液化侧移实例较少，限制了本章提出的液化侧移实例库的样本容量，且针对不同震级条件下 Newmark 滑块模型的适用性在本章中并未考虑，因此下一步工作需收集更多的液化侧移实例，开展 Newmark 滑块法的研究并与其他液化侧移计算方法对比。由于 Newmark 滑块法计算原理简单、计算快捷，因此在计算液化侧移方面具有良好的应用前景。

第 **3** 章

侧移场地的等效线性
响应对比

3.1　问题的提出

在利用 Newmark 滑块法计算液化侧移时，应考虑场地对地震波的放大或吸收效应。当待评价液化侧移场地附近不存在记录地震波时，需根据待评价液化侧移场地的分类、拟选用的强震记录台站与液化侧移场地的距离等条件，根据地震动衰减模型对拟选用的基岩地震波进行峰值加速度（PGA）的衰减计算，随后建立一维场地模型并进行反卷积计算（场地响应分析），得到不同深度对应的地震输入。

图 3-1 给出了卷积和反卷积计算的示意图。在反卷积计算中，已知基岩地震波，由于基岩的剪切波速较大，可认为在基岩各处的地震波相等。为获取场地不同深度及地表地震波，根据场地的地层分布进行反卷积计算，即场地响应分析。反之，已知地表自由场地震波时，为获取基岩地震波则需要进行卷积计算。为叙述方便，本章将随后出现的反卷积计算统一称为场地响应分析。

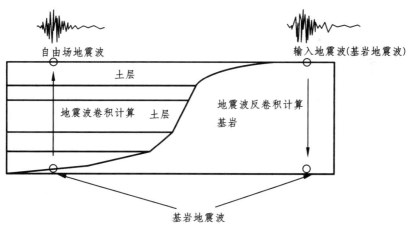

图 3-1　反卷积和卷积计算示意图

1972 年，Schnabel 第一次提出等效线性方法并开发 SHAKE 程序[144]，其最新版为 SHAKE 2000[145]，国际上其他场地响应分析程序有 EERA[146]、DEEPSOIL[147] 和 Strata[148] 等，国内场地响应分析程序的典型代表有

RSLEIBM[149]、LSSRLI-1[150]和SOILQUAKE[151]等。本章选用典型液化侧移场地作为研究对象，利用不同的等效线性场地响应程序进行分析，将场地附近记录的基岩地震波作为地震输入，对比场地峰值加速度和最大剪应变随着深度的变化、场地的地表加速度时程曲线、加速度时程曲线对应的加速度反应谱和傅立叶谱，对比研究 4 种等效线性分析程序，为液化侧移计算中场地响应分析软件的选取提供指导。

3.2 等效线性分析方法及等效线性分析软件

3.2.1 等效线性分析方法

场地的动力响应可利用等效线性化方法或非线性方法分析[149]。等效线性化方法原理简单，计算所需土体参数容易获得，因此被广泛采用[152]。等效线性分析的具体分析步骤如下：

（1）采用小剪应变对应的值对每层土的初始剪切模量和阻尼比进行定义。

（2）根据初始剪切模量和阻尼比进行自由场分析，计算得到各土层的最大剪应变。

（3）计算各土层的有效剪应变 γ_{eff}，其中有效剪应变 γ_{eff} 与最大剪应变 γ_{max} 根据公式（3-1）得到，式中 R_γ 是有效剪切应变系数，一般取值为 0.65。R_γ 可根据地震震级计算得到，如公式（3-2）所示，M 为地震震级。

$$\gamma_{eff} = R_\gamma \gamma_{max} \tag{3-1}$$

$$R_\gamma = \frac{M-1}{10} \tag{3-2}$$

（4）根据有效剪切应变及各层土的动力特性曲线（剪切模量-应变曲线、阻尼比-应变曲线）计算得到剪切模量和阻尼比。

（5）重复（2）~（4）步骤，当相对误差小于 5%时，选定为收敛的剪切模量和阻尼比。

3.2.2 一维等效线性分析的基本原理

图 3-2 给出了一维等效线性分析的基本假设示意图，图中系统坐标系中第 i 层的坐标由 x_i 和 v_i 表示，第 i 层的厚度由 h_i 表示，土层特性由 G_i、β_i 和 ρ_i 表示，其中为 G_i 为剪切模量，β_i 为临界阻尼比，ρ_i 为土体质量密度。场地被假设为水平成层且置于基岩上并在水平方向上无限延伸，地震波由基岩向上垂直传播。在不同应变幅值下的剪切模量和阻尼比由等效剪切模量和等效阻尼比代替，并利用频域线性波动方程求解。一维等效线性分析软件的详细原理介绍见附录 1，此处不再赘述。

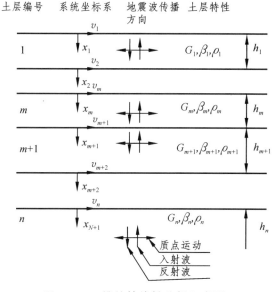

图 3-2 一维等效线性分析示意图

3.2.3 等效线性分析软件

SHAKE 2000[145]是在 SHAKE、PROSHAKE 和 SHAKE91 等程序基础上逐步完善的等效线性场地分析软件。SHAKE 2000 收录了相关文献中模量衰减曲线和阻尼比曲线，提供砂土、黏土以及基岩的动模量衰减曲线和滞回阻尼比曲线。也可根据超固结比、竖向有效应力、塑性参数定义在不同深度下土体的动模量衰减曲线和滞回阻尼比曲线。

EERA[146]基于 Fortran 90 语言开发，该软件以 Excel 为开发平台，具有强大的快速傅立叶变换（FFT）计算功能，可计算数千个 FFT 数据点[2]。EERA 需要手动定义模量衰减曲线和滞回阻尼比曲线。

DEEPSOIL[147]是由美国伊利诺伊大学 Hashash 等开发，可同时计算同一场地在多条地震输入下的场地响应。DEEPSOIL 不仅提供频域内的线性和等效线性分析方法，同时提供时域内的线性和等效非线性分析，但 DEEPSOIL 提供的动模量衰减曲线和滞回阻尼比曲线较少，需手动定义。

Strata[148]可对同一场地加载多条地震输入，不仅提供频域计算方法，也可根据随机振动理论法进行场地响应分析，引入随机化概念，根据传递函数可对场地特性随机化。随机振动理论方法无须输入时域地震波，可直接根据地震波的傅立叶幅值谱的幅值作为输入。Strata 提供的动模量衰减曲线和滞回阻尼比曲线也有限。

3.3　等效线性响应实例分析

本章选择文献[153]中的液化侧移实例作为分析对象，根据 Loma Prieta 地震中的 Treasure Island（TI）场地的典型场地剖面，建立等效线性模型，将基岩地震波作为地震输入，利用不同的等效线性软件进行对比分析。Treasure Island（TI）是一座人工岛，位于旧金山地区 Yerba Island 的西北处，且在其附近的 Yerba Island 记录有基岩地震波。

表 3-1 给出根据文献[153]得到的场地剖面及土层参数。场地由上至下依次为 11.6 m 厚的填充砂土、17.4 m 厚的新湾泥层、12 m 厚的致密砂土层和 38 m 厚的旧湾泥层。基岩位于地表下 85 m 处。表 3-1 列出了 4 种土的厚度、饱和容重、剪切波速 v_s。文献[153]将该场地土层划分为 15 层，根据表 3-1 的土层参数，建立场地线性响应模型。根据 Vucetic 等[154]的研究成果，设置砂性土的模量衰减曲线和阻尼比曲线。根据 Darendeli[155]的研究成果设置黏性土的模量衰减曲线和阻尼比曲线。基岩则根据美国电力研究协会[156]研究成果设置对应的模量衰减曲线和阻尼比曲线。

Yerba Island 记录有基岩地震波，被直接用于场地响应分析中。Yerba

Island 的地震波在 PEER[157]的强震数据库中获取，如图 3-3 所示，两条地震波分别代表 YBI 台站两个方向记录的地震波，记为 YBI-000 和 YBI-090 地震波。

表 3-1　场地剖面及土层参数[153]

土层类型	土层序号	厚度/m	饱和容重/（kN/m³）	v_s/（m/s）
填充砂土	1	0.9	18.9	490.1
	2	5	18.1	128
	3	3	18.1	152.1
	4	2.7	18.9	177.1
新湾泥	5	2.3	15.7	177.1
	6	4.9	15.7	155.1
	7	3	17.3	242.9
	8	7	17.3	168.9
致密细砂	9	12.2	18.1	292.6
旧湾泥	10	4.9	18.1	292.6
	11	21.3	19.6	313.9
	12	7.3	19.6	368.8
	13	4.6	19.6	368.8
砂土	14	7.6	19.6	368.8
基岩	15	10	22	1219.2

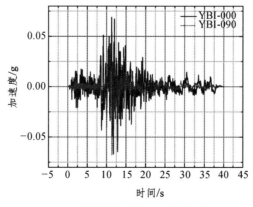

图 3-3　基岩地震输入加速度时程

3.4 计算结果分析

图 3-4 与图 3-5 为场地在两条地震波作用下的地表加速度时程。经对比，4 个等效线性软件所得结果差异较小，在 YBI-000 地震波作用下，由 DEEPSOIL 计算所得地表峰值加速度为 $0.11g$，其他三个软件计算得到地表峰值加速度为 $0.12g$。在 YBI-090 地震波作用下，地表峰值加速度均为 $0.14g$。

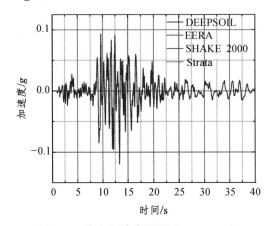

图 3-4 地表加速度时程（YBI-000）

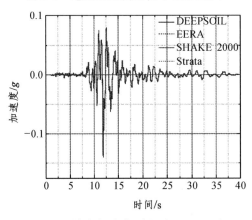

图 3-5 地表加速度时程（YBI-090）

图 3-6 与图 3-7 对应为场地在 YBI-000 和 YBI-090 地震波作用下地表加速度时程的加速度反应谱。在 YBI-000 地震波作用下，对应的谱加速度峰值范围为 $0.46g \sim 0.48g$，其中 SHAKE 2000 计算得到的谱加速度为 $0.48g$，

DEEPSOIL 计算得到的谱加速度为 0.46g，而 EERA 和 Strata 计算得到的谱加速度为 0.47g；在 YBI-090 地震波作用下，仅 DEEPSOIL 计算的谱加速度为 0.42g，其余软件分析得到的谱加速度为 0.43g。

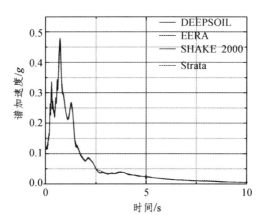

图 3-6　地表加速度反应谱（YBI-000）

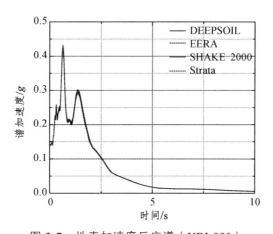

图 3-7　地表加速度反应谱（YBI-090）

图 3-8 和图 3-9 为场地在两条地震输入作用下，地表加速度时程的傅立叶幅值谱。在 YBI-000 地震波作用下，最大傅立叶幅值对应的频率 f = 1.4 Hz；在 YBI-090 地震波作用下，最大傅立叶幅值对应的频率 f = 0.73 Hz。同时由图中结果可知，4 个软件计算结果一致。

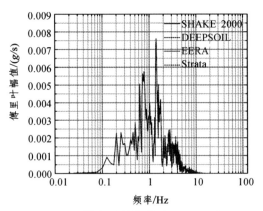

图 3-8　傅立叶幅值谱（YBI-000）

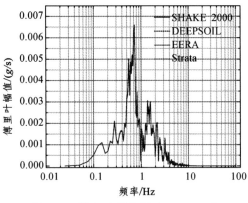

图 3-9　傅立叶幅值谱（YBI-090）

图 3-10 和图 3-11 为场地在地震输入作用下土层峰值加速度（PGA）随着深度的变化。图 3-12 和图 3-13 为场地的最大剪应变随深度的变化规律。由图中结果可知，4 个软件计算峰值加速度（PGA）的最大值均出现在地表。EERA 和 SHAKE 2000 软件计算所得峰值加速度（PGA）和最大剪应变分布一致，场地的最大剪应变出现在地表下 25 m 左右处。由 Strata 软件计算所得峰值加速度（PGA）及最大剪应变随深度变化与其他 3 个软件所得结果不同，原因是 Strata 将场地离散为较薄的土层，获得了更多的数据点，在曲线上与其他 3 个软件在同一位置表现为突变数据点。由 DEEPSOIL 计算得到的最大剪应变同 EERA 和 SHAKE 2000 软件计算变化趋势接近，但是最大剪应变出现在地表下 16 m 处。

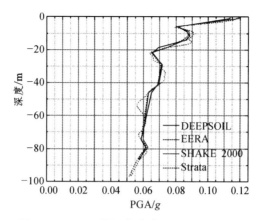

图 3-10   PGA 随深度变化图（YBI-000）

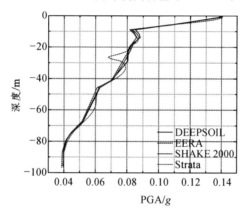

图 3-11   PGA 随深度变化图（YBI-090）

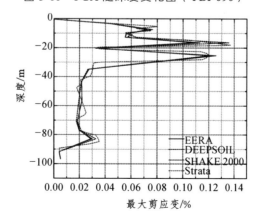

图 3-12   最大剪应变随深度变化图（YBI-000）

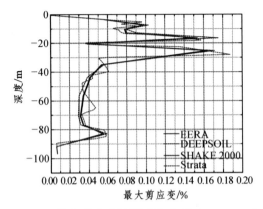

图 3-13　最大剪应变随深度变化图（YBI-090）

综上可知，同一场地在地震作用下，由 4 种等效线性分析软件所得地表加速度时程、其对应的加速度反应谱和地表加速度时程的傅立叶反应谱基本一致。由于软件划分土层方式的不同，由 Strata 软件计算所得的随深度变化的峰值加速度（PGA）和最大剪应变曲线与其他 3 个软件有一定的差异。因此，在液化侧移计算中，仍可选用 SHAKE 2000 的计算结果作为主要依据，而在使用 Strata 软件时，需对峰值加速度和最大剪应变沿深度的变化规律进行对比后再选择。

3.5　等效线性软件的不同点

尽管 4 种软件均可用于场地响应分析，但在计算剪切模量、傅立叶谱的计算、考虑土体的变异性和软件自身的实用性方面所不同。

3.5.1　剪切模量的定义

SHAKE 2000[145]中可根据剪切波速、动力触探值、不排水剪切强度、竖向有效应力等估计初始剪切模量，而其他软件主要依据 $G_{max} = \rho v_s^2$ 对初始模量进行估计。

SHAKE 2000[145]中动剪切模量为：

$$G^* = G(1 + 2i\beta) \tag{3-3}$$

式中：G^* 为动剪切模量；β 是临界阻尼比；G 为初始剪切模量。

在 Strata[148]中，动剪切模量表达式与式（3-3）相同。

DEEPSOIL[147]提供了 3 种动剪切模量定义方式：

与 SHAKE 2000[145]中定义一致的频率不相关动力剪切模量，根据式（3-3）确定，由式（3-4）定义的与频率相关的动剪切模量为：

$$G^* = G\left(1 - 2\mathrm{i}\beta^2 + 2\mathrm{i}\sqrt{1 - 2\beta^2}\right) \tag{3-4}$$

频率不相关动剪切模量为：

$$G^* = G\left(1 - 2\beta^2 + 2\mathrm{i}\beta\right) \tag{3-5}$$

式中：G^* 为动剪切模量；β 是临界阻尼比；G 为初始剪切模量。

在 EERA[146]中，根据式（3-6）和式（3-7）来定义动剪切模量：

$$\left|G^*\right| = G\sqrt{1 + 4\beta^2} \tag{3-6}$$

$$\left|G^*\right| = G\left[1 - 2\beta^2 + 2\mathrm{i}\beta\sqrt{1 - \beta^2}\right] \tag{3-7}$$

式中：G^* 为动剪切模量；β 是临界阻尼比；G 为初始剪切模量。

3.5.2　傅立叶幅值谱计算

一般情况下，在计算傅立叶幅值谱（FAS）时，4 个软件求得的傅立叶幅值谱基本一致。但 SHAKE 2000[145]中的计算结果受到数据点的数量限制，当地震输入时间间隔较小且地震数据点较多时，由 SHAKE 2000[145]计算得到的傅立叶幅值谱的计算结果会与其他 3 个软件存在偏差。

3.5.3　场地土层特性变异性考虑

不均匀的天然场地土层分布、地勘误差等因素会使土层参数具有变异性。为描述土体特性的变异性，Strata[148]软件根据蒙特卡洛方法，分别描述土层厚度和剪切波速的相关性和统计分布，并在分析中体现土体的模量衰减曲线和阻尼比曲的统计分布。SHAKE 2000[145]中也可以对土体参数进行随机生成，但仅限于初始阶段敏感性分析。其他 2 个等效软件则不能直接考虑土体参数的变异性。

3.5.4　软件的适用性

在进行场地响应分析时，SHAKE 2000 内置地震波、土的模量衰减曲线和阻尼比曲线，能够较快完成建模分析。

EERA[146]在 MS Excel 中实现，分析中所需要的地震波和其他参数均需要手动输入，在对大量场地进行分析时，会对计算效率产生较大的影响；但在完成较少场地的响应分析时，EERA 操作界面简洁，可以迅速生成相关图表。

DEEPSOIL[147]软件除了可以进行场地线性响应分析外，也可考虑孔隙水压力的生成和消散模型，其非线性响应分析结果可以作为线性响应分析的补充对比。该软件可在不同的阻尼条件下对场地进行非线性响应分析，但软件中需要对土的模量衰减曲线和阻尼比曲线进行手动输入，因此在进行土体动力参数输入时，对使用者的理论基础要求较高。另外，DEEPSOIL内置的地震波数据库不够完善，需要使用者自行输入地震波。

Strata[148]也可依据随机振动理论对场地进行响应分析，对场地进行多条地震波并行分析，但软件在土体的模量衰减曲线的储备上也显得不足，需要手动输入曲线。

综合考虑，SHAKE2000[145]可作为场地响应分析的主要软件。

3.5.5　等效线性分析软件的缺陷

等效线性分析不能真实地反映土体的动力响应，每一层土体的剪切模量和阻尼比被假设为定值，而并不随着应力水平改变，随着阻尼比的增加，地震输入的高频成分会被过度吸收，因此在高烈度地震作用下，等效线性分析会过高估计场地峰值加速度和剪切强度[158]；对高频成分较多的地震输入，等效线性分析会过低估计傅立叶反应谱放大比。因此在计算中需要考虑高频成分和地震输入对计算结果的影响。

3.6　本章小结

在使用 Newmark 滑块法计算液化侧移时，其计算结果受到地震输入的影响。当计算液化侧移场地距离强震台站距离较远时，需使用基岩地震波并经反卷积计算得到 Newmark 滑块法所需的地震输入，而反卷积计算主要通过场地响应分析实现。由于等效线性分析被广泛用于场地响应中，因此本章对等效线性场地响应分析开展对比研究，选取典型液化侧移场地，根据相关地层资料，建立一维等效线性模型，选用基岩地震波作为地震输入，利用 4 个等效线性软件进行场地响应分析。

由分析结果可知，4 种软件计算所得的地表加速度时程曲线及对应的加速度反应谱和傅立叶幅值谱较为一致。EERA 和 SHAKE 2000 得到的峰值加速度和最大剪应变随深度的变化一致。在分析计算中，需要考虑 Strata 软件计算得到的峰值加速度和最大剪应变随深度分布的差异性。因此，在液化侧移计算中，本书研究结果表明 SHAKE 2000 仍可作为主要的计算分析工具。

第 4 章

基于 PM4sand 砂土液化模型的液化侧移计算方法

4.1　问题的提出

利用 Newmark 滑块法计算液化侧移时，无法考虑场地的液化特征；而数值计算方法可通过考虑地震输入特性、场地土层分布和土体的动力特性等条件，对场地液化进行分析。数值计算的准确性取决于土体的本构模型，但是部分本构模型所需输入参数较多，导致该模型在数值计算中的应用受限，因此需选择输入参数少、物理意义明确的砂土本构模型对液化侧移进行分析。

本章结合美国 UCDavis 大学最新的研究成果，引入边界面塑性 PM4sand 砂土模型；基于有限差分程序 FLAC 2D，选择典型的液化侧移实例进行分析；与现场实测值对比，分析该砂土液化模型的适用性，开展基于 PM4sand 砂土液化模型的液化侧移计算方法研究。

4.2　砂土液化模型综述及 PM4sand 本构模型

Manzari 和 Dafalias[159]依据土的临界状态理论，于 2004 年提出 DM04 模型。该模型是遵循应力控制原则的砂土塑性模型。相关研究表明：DM04 模型能够准确地模拟土体单向受荷时的响应。但采用 DM04 模型模拟土体受循环荷载作用时，会出现土体强度不再随着循环荷载作用而继续软化的现象，导致 DM04 模型模拟土体在动力荷载作用下的受力行为存在缺陷[160]。

许多学者根据二维有限元或有限差分软件提出了相应的本构模型并通过不同的塑性模型计算砂土液化侧移。Puebla 等[161]提出第一代 UBCSAND 砂土塑性模型，并利用该液化模型预测液化土层上的路基动力响应。UBCSAND 是弹塑性有效应力本构模型，假设土体的应力应变曲线为双曲线并将非相关流动准则作为应力比函数。Beaty 和 Byrne[162]利用 UBCSAND 对 1987 年的 Superstition Hills 地震的 Wildlife Array Site 的液化响应进行了分析。丰土根[163]开展了饱和无黏性土的循环荷载试验，结合边界面和多重剪切机构塑性理论，提出了应变空间内的多机构边界面塑性模型，用来模拟复杂荷载条件下无黏性土的主应力轴偏转和地震液化剪切大位移的特性。张建民等[164]改进了 Ramberg-Osgood 本构模型，采用移动相态转换线和移动临界状态线来描述砂土的有效应力路径和临界状态，根据应力软化模型描述剪胀和超静孔压变化引起的骨架曲线硬化和软化，提出了描述砂土液化全过程动力响应的非线性本构模型。李月[165]根据临界土力学理论提出考虑松砂应变软化、峰值强度和稳态强度的本构模型，通过对比数值模拟和试验结果论证了该本构模型的合理性。Byrne 等[166]使用 UBCSAND 数值模型对伦斯勒学院（RPI）和美国陆军工程部研究与发展中心（ERDC）的离心机试验进行了砂土液化模拟，该模拟得到以下结果：在伦斯勒学院的测试中在上覆有效应力的作用下，应力增加（即在模型底部出现高应力，在模型顶部出现低应力）；在美国陆军工程部研究与发展中心的离心机试验中，在较高的上覆有效应力作用下，土体的侧摩擦力增加且不饱和度提高了土体的液化抗力。张建民等[167]通过室内循环剪切试验对考虑饱和砂土液化从小应变直至大应变的本构模型进行了验证。王刚等[168, 169]提出了描述砂土液化后大变形的弹塑性循环本构模型，该模型可模拟饱和砂土在循环荷载下液化全过程的应变变化，也可模拟饱和砂土液化后的再固结。许成顺[170]结合临界土力学理论，根据材料内部的应力-剪胀方程，将拟双曲线形式的应力-应变曲线作为基本物理关系，提出了可以考虑初始物理状态和初始复杂应力状态的弹塑性本构模型。王星华等[171]在 Hardin-Drnevich 模型的基础上，提出了根据瞬态极限平衡理论假设的砂土液化本构模型，该模型能考虑液化过程中的剪胀和剪缩现象。Seid-Karbasi 和 Byrne[66]利用 UBCSAND 砂土液化模型研究上覆土层为低渗透土层时，砂土液化的动力响应，研究表明由于土体的孔隙重分布，低渗透土层下的液化土强度降低且会导致流滑。黄茂松[172]基于临界状态理论和相关剪胀性理论，引入二阶对称组构张量来考虑材料各向异性，提出了适用于不同初始密实度的砂土本构模型，并通过与砂土的三轴排水和不排水试验对比验证了该模型。徐舜华等[173]基于临界状态土力学，引入相对应力比的概念，采用偏应变作为硬化参数，提出了砂土边界面本构模型，该模型可以考虑不同密度和固结压力下的土体应力-应变响应。童朝霞等[174]建立了能够考虑应力主轴循环旋转效应的砂土弹塑性本构模型，应用该本构模型与标准砂的排水试验和不排水试验结果进行对比验证，表明该模型能模拟应力主轴循环旋转条件下砂土的应力应变关系。Tsegaye[175]开发了 UBC3D_PLM 的三维塑性模型，将莫尔-库仑（Mohr-Coulomb）屈服准则用于主应力空间，塑性势函数基于德鲁克-布拉格（Drucker-Prager）准则对应非关联流动准则。使用修正 Rowe 应力-剪胀准则并规定启动摩擦角（mobilized friction angle）小于临界状态对应的内摩擦角，即对应土体处于剪胀状态。王富强[176]根据边界面理论，建立了在自然排水条件下，能考虑剪切吸水效应，描述砂土从小应变至大变形的弹塑性本构模型，并将该本构模型应用于美国圣费尔南多土坝震后的流滑破坏模拟。侯悦琪[177]提出各向异性的砂土本构模型，采用变换应力空间法进行三维化，引入 Matsuoka-Nakai 强度准则，将单一状态扩展至非单一临界状态，并将该本构模型植入有限元程序中。庄海洋等[178, 179]在 Yang-Elgamal 砂土本构模型的基础上，对其硬化规则进行改进，提出了新的嵌套屈服面硬化规则，并应用至三维液化变形分析中，同时将新的本构模型植入商业软件，对该本构模型进行了参数敏感性分析，给出了模型全过程参数、剪胀过程参数、剪缩和剪胀状态转化点流动变形量控制参数对土体动力响应的影响。王睿等[180]基于二维边界面弹塑性模型，建立了三维应力空间中的砂土液化大变形本构模型，并利用该模型对倾斜地基进行动力分析，验证了模型的适用性。Petalas 和 Galavi[181]通过定义两个屈服面来改善 UBC3D_PLM 模型，定义各向同性硬化规则的主屈服面和运动硬化的二次屈服面，提高模型对超孔隙压力生成消散的模拟，其中非饱和土中孔隙水压力的生成依赖于与饱和度相关的模量，砂土的液化后响应依赖于刚度衰减模型。Shriro 和 Bray[182]根据循环直剪试验的试验结果标定 UBCSAND 模型，并分析了 1989 年 Loma Prieta 地震中 Moss Landing 海洋实验室（MLML）的液化侧移。白旭等[183]通过完善上下负荷面中超固结状态参量与结构性状态参量的定义表达，提出了能够模拟含黏粒砂土的循环本构模型，该模型能够模拟不同荷载条件下的土体应力应变状态，进行单调和循环荷载加载。周恩全等[184]根据饱和细砂的空心圆柱扭剪实验，提出液化后饱和砂土的流体本构模型，将本构模型预测的剪应力与孔压比关系曲线与实测曲线对比，验证了该模型的适用性。赵春雷等[185, 186]提出基于相变状态的饱和砂土循环边界面本构模型，通过组构-剪胀内变量考虑砂土的塑性体积应变累积，通过与室内试验进行对比验证了模型的适用性。郑浩[187]结合临界土力学和边界面塑性理论，引入状态参数并考虑砂土的剪胀性，提出了三维多重机构边界面模型，通过不排水三轴压缩、排水三轴压缩、应力主轴旋转和不排水三轴循环扭剪试验对该模型进行了验证。潘坤等[188]以不规则正弦波作为输入，根据饱和松砂的动三轴试验，给出了砂土中孔隙水压力的变化规律，并给出了与应力无关的孔隙水压比与剪切功的归一化关系。潘坤[189]在状态相关剪胀和各向异性临界状态理论的弹塑性本构模型基础上，提出了能够考虑内结构演化和应力各向异性的砂土本构模型，通过数值模拟对该本构模型进行了验证。邹佑学[190]基于有限差分软件中的二次开发功能，依据饱和砂土的液化大变形理论，开发了考虑不同密度和围压的砂土液化大变形本构模型，利用该本构模型对排水、不排水、循环三轴试验和不排水循环扭剪试验进行模拟，并对三维地基进行动力分析。董建勋[191]根据临界状态土力学理论，提出排水条件下二维的砂土边界面塑性模型，模型参数通过三轴试验确定，能够考虑在不同围压、密实条件下砂土的基本力学特征，基于修正的广义 Mises 准则，引入考虑土体各向异性的插值函数，将二维模型扩展为三维模型。

Boulanger[192]根据 Dafalias 和 Manzari 提出的本构模型[159]提出了一种由应力比控制、临界状态相容的边界面塑性模型，该模型被命名为 PM4sand 模型，用以模拟地震过程中的砂土动力响应。Boulangder 等[193]利用 PM4sand V2 本构模型重新分析了离心机试验中砂土的孔隙重分布现象，随后 Ziotopoulou 等[194]通过改进考虑剪胀角、塑性模量、初始反向应力比、液化后再固结应变、临空面附近单元的动力响应及其他次要参数，提出了 PM4sand V3 模型[195]。Boulanger 和 Montgomery[196]利用 PM4sand V3 模型对液化土层上的路基进行了分析，研究了液化土特性空间变异性对砂土液化侧移的影响。

PM4sand 模型在 DM04 模型的基础上进行了改进，以弥补 DM04 模型模拟在液化引起的地表大变形的不足。PM4sand 模型做了如下改进：

（1）定义塑性体积应变控制的细观组构形成与破坏模式，添加组构演化和累积组构形成变量，建立了塑性模量与组构的关系。

（2）考虑了组构演化对砂土剪胀性的影响，有效地控制体缩及体胀时的砂土剪胀性变化规律，使其与 Bolton 剪胀关系式一致。

（3）提出考虑应力比和组构历史的弹性模量关系式，重新定义了初始反向应力历史（荷载效应）记录，采用相对状态参数指数（Relative State Parameter Index）表达临界状态，解决了屈服面和剪胀面的形状函数适应平面应变的问题。

本章仅对 PM4sand 本构模型中的计算参数进行介绍。

PM4sand 模型中有 6 项主要参数，21 项次要参数。表 4-1 中给出了 PM4sand 中的 3 项主要参数（需要输入），这 3 个主要参数分别是相对密实度 D_R、剪切模量系数 G_0 和体缩率参数 h_{p0}；其余参数（另外 3 个主要参数和 21 项次要参数）依据模型手册要求设置为默认值。另外 3 个模型主要参数包括 FirstCall、Postshake 和 P_A。FirstCall 用于在弹性分析并建立初始应力后在 PM4sand 模型中消除组构及将反应力比设置为 0，当对 PM4sand 进行调用时，对当前应力状态进行清零并将反向应力比设置为 0；Postshake 的初始值为 0，在地震结束后设置为 1.0，用以计算液化后的再固结产生的应变；P_A 为标准大气压取，默认值为 101.3 kPa。

表 4-1　主要输入参数

序号	参数	参数名称	备　注
1	D_R	相对密实度	控制土体的剪胀特性及应力应变关系
2	G_0	剪切模量系数	控制小应变剪切模量
3	h_{p0}	收缩控制率参数	通过调整收缩率获得目标循环阻力比

将实测标贯值归一化为有效应力为 100 kPa、落锤能量比为 60% 的归一化标贯值 $(N_1)_{60}$，根据 $(N_1)_{60}$ 可确定相对密实度 D_R、剪切模量系数 G_0：

$$D_R = \sqrt{(N_1)_{60}/C_d} \qquad (4\text{-}1)$$

$$G_0 = 167\sqrt{(N_1)_{60} + 2.5} \qquad (4\text{-}2)$$

在公式（4-1）和公式（4-2）中：当砂土存在细粒含量时，$(N_1)_{60}$ 需进一步根据土体中细粒含量进行修正[197, 198]；C_d 为考虑粒径效应（最大孔隙比与最小孔隙比差）的参数，一般取建议值 46。

体缩率参数 h_{p0} 是在矩震级为 7.5 的条件下根据土体标贯值确定的循环阻力比（即在 15 次循环荷载作用下的目标循环抗力比），计算时用于调整塑性模量与弹性模量比，当相对密实度为 38%、55%、78% 时，h_{p0} 可分别取 0.32、0.40、0.50。h_{p0} 根据对单元体的试算分析得到：根据砂土的 $(N_1)_{60}$ 值，首先得到砂土对应的目标循环抗力比 CRR（cyclic resistance ratio）值，然后对单元体进行试算分析，单元体在 15 次循环荷载作用下对应的目标循环抗力比对应的 h_{p0} 值即为模型所需输入值。

4.3 液化侧移实例分析

4.3.1 液化侧移实例简介

本章选取金银岛的液化侧移场地作为研究对象[199]。金银岛（Treasure Island）位于美国旧金山地区，连接旧金山和奥克兰市，并毗邻 Yerba Buena 岛，是一座在砂层和旧金山海湾泥之上建造的人工岛屿，并在砂石填料层上周围建造石围堰作为支挡结构。

金银岛的地层条件为：从上至下分为砂土填料、天然滩砂、全新世湾泥以及更新世湾泥 4 层，其中砂土填料的静力触探值为 1 ~ 5 MPa，易发生液化。在 1989 年的 Loma Prieta 地震中，观测到金银岛多处发生液化、砂涌和地表沉降。该处的最大液化侧移出现在岛的东侧，侧移值为 30.5 cm。图 4-1 所示为金银岛的典型剖面，自上而下分别为砂土填料、全新世湾泥和更新世湾泥，横坐标和纵坐标分别高程和水平距离。该剖面位于金银岛北街和第三街的交界处，根据现场测量，该处的水平侧移为 25.4 cm。

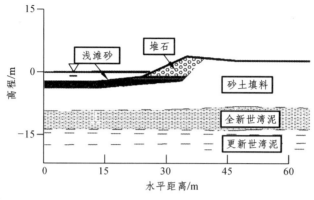

图 4-1　金银岛典型剖面

4.3.2　土体参数

根据文献[153, 200]获得金银岛从地表至基岩的土层分布、土体重度及剪切波速，见表 4-2。图 4-2 为地表至基岩的剪切波速分布图。由图 4-2 可知，地表下 0.9 m 处的砂性填土的剪切波速平均值为 165 m/s，易发生液化。根据表 4-2 中的土层分布建立剖面用于反卷积分析以获得 FLAC2D 中所需的地震输入。

表 4-2　金银岛土体基本参数

土体类型	厚度/m	重度/（kN/m³）	剪切波速/（m/s）
砂性填土	0.9	18.9	490
	5	18.1	128
	3	18.1	152
	2.7	18.9	177
全新世湾泥	2.3	15.7	177
	4.9	15.7	155
	3	17.3	242.9
	7	17.3	168.9
密砂	12.2	18.1	292.6
更新世湾泥	4.9	18.1	292.6
	21.3	19.6	313.9
	7.3	19.6	368.8
	4.6	19.6	368.8

续表

土体类型	厚度/m	重度/（kN/m³）	剪切波速/（m/s）
砂	7.6	19.6	368.8
基岩	10	22	762

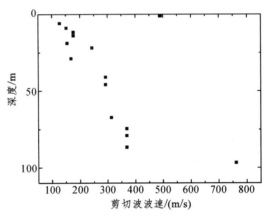

图 4-2　剪切波速沿深度分布图

4.3.3　地震输入参数

将金银岛记录的实测地震波作为基岩地震波，利用 SHAKE 2000[145]软件进行反卷积计算，得到 FLAC 模型底部所需的地震输入，分别记为 TRI-000、TRI-090 地震波，见图 4-3。

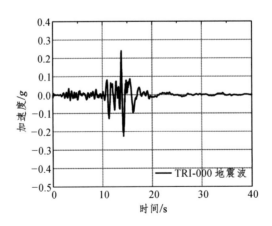

（a）TRI-000 地震波

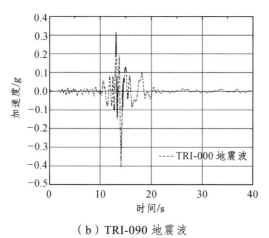

（b）TRI-090 地震波

图 4-3　地震波输入

4.4　基于 PM4sand 本构模型的建模简介

首先，根据图 4-1 建立有限差分模型，将所有材料参数设置为莫尔-库仑模型（具体参数取值见表 4-3），设置大应变计算模式，设置较大的黏聚力生成初始应力，设置地下水位、各土层的孔隙率和渗透率、水的密度、体积模量，进行渗流计算，生成孔隙水压力，使系统达到平衡。

表 4-3　土体莫尔-库仑参数

参数	堆石	砂土填料	全新世湾泥	更新世湾泥
饱和重度/（kN/m³）	28.1	18.4	16.5	19.2
干密度/（kg/m³）	23	14.11	13.1	15.23
黏聚力/kPa	1	1	5	5
内摩擦角/（°）	36	33	25	25
剪切波速/（m/s）	500	152	186	336
泊松比	0.3	0.3	0.45	0.45
Hardin 参数	0.027	0.027	0.055	0.067

设置静止边界和自由场边界，以减少模型边界上的地震波反射，取

f = 15.0（中心频率），设置瑞利阻尼 0.02 吸收地震波的高频部分。

系统平衡以后，进行动力计算，水位以下的砂土填料设置为 PM4sand 模型。根据 4.2 节的计算公式确定可液化土的 PM4sand 输入参数。根据文献[201]可知，模型中的砂土归一化标贯值为 $(N_1)_{60}$ = 10.0，砂土的细粒含量为 10%。根据文献[202]将 $(N_1)_{60}$ 修正为纯砂动力触探值 $(N_1)_{60-cs}$ = 11.0，计算 PM4sand 参数，见表 4-4。其余土体仍然采用莫尔-库仑模型，将黏聚力和内摩擦角参数设置为真实值，对模型中的非液化土设置如图 4-4 所示的动模量衰减曲线和阻尼比曲线，并由 FLAC 2D 中的 Hardin 参数表示，将 SHAKE 2000 中得到输入地震波加载至模型底部进行分析计算。

表 4-4　PM4sand 模型参数

$(N_1)_{60}$	$(N_1)_{60-cs}$	D_r/%	G_0	h_{p0}
10.0	11.0	48.9	613.6	0.4

注：$(N_1)_{60-cs}$ 是经细粒含量修正后，标准大气压下的纯净砂动力标贯值。

为了判断模型是否在地震动力作用下达到平衡，计算体系最大不平衡力，由图 4-5 可知，作用在系统上的最大不平衡力在 40 s 后趋于稳定，系统达到平衡状态。

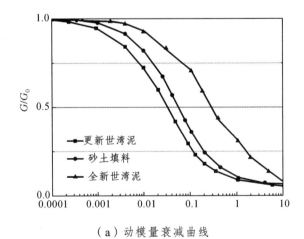

（a）动模量衰减曲线

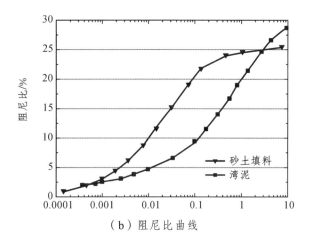

（b）阻尼比曲线

图 4-4　土体的动模量曲线和阻尼比曲线

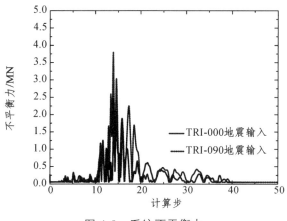

图 4-5　系统不平衡力

根据图 4-6 中砂土孔隙水压力的变化判断砂土是否发生液化。由图中可知，可液化土在饱和状态下的初始孔隙水压约为 60 kPa，在两条地震波的作用下，孔隙水压增加并达到稳定。在 TRI-000 地震波作用下，场地在14.8 s 时发生液化，土孔隙水压趋于稳定；在 TRI-090 地震波作用下，场地在 13.0 s 时发生液化，之后孔隙水压力趋于稳定。

不同地震波时地表水平加速度时程曲线见图 4-7：在 TRI-000 地震作用下，地震波的峰值加速度由输入的 $0.24g$ 放大至 $0.34g$；而在 TRI-090 地震波作用下，地震波的峰值加速度由输入的 $0.41g$ 放大至 $0.43g$。

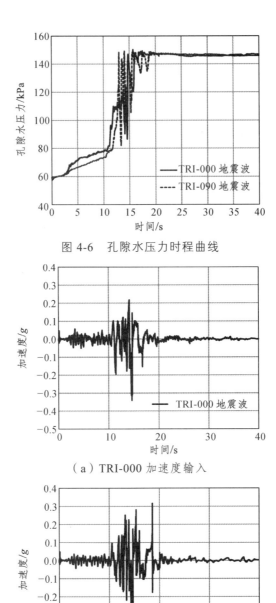

图 4-6 孔隙水压力时程曲线

（a）TRI-000 加速度输入

（b）TRI-090 加速度输入

图 4-7 不同地震波时地表水平加速度时程曲线

峰值加速度随着深度的变化见图 4-8。由图可知，场地的最大峰值加速度出现在地表下约 6.5 m 处，位于砂土层内，对应两条地震输入波的最大峰值加速度分别为 0.512g 和 0.695g。其原因是当剪切波速较小时，土层对地震具有放大作用。

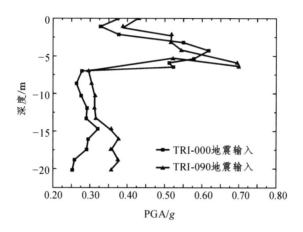

图 4-8　峰值加速度随着深度的变化

计算输入地震波和地表地震波的反应谱，设置阻尼比为 0.5%，得到最大加速度和其对应的自振周期。图 4-9 所示为对应两条地震输入波的拟加速度反应谱。由图中可知，该场地的最大加速度对应周期为 0.5~1.5 s。

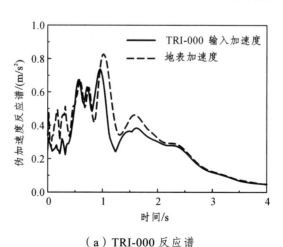

（a）TRI-000 反应谱

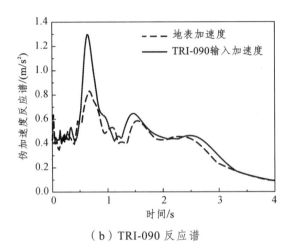

（b）TRI-090 反应谱

图 4-9　不同地震波拟加速度反应谱

　　场地的最大剪应变云图如图 4-10 所示，在 TRI-000 和 TRI-090 地震波作用下，土层最大剪应变均变发生在堆石斜坡下方的砂土填料处，砂土填料的应变为 2%~3%，表明砂土填料已发生液化。

　　在计算模型最左侧的临空面选取监测点，作两条地震波作用下的临空面侧移量时程曲线，如图 4-11 所示。由图 4-11 可知，在 TRI-000 和 TRI-090 地震波作用下，临空面发生的最大侧移分别为 446 mm 和 559 mm，对比文献中给出 254 mm 的液化侧移值，计算值分别是观测值的 1.76 倍和 2.2 倍，

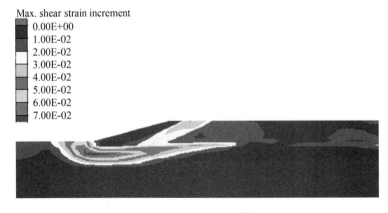

（a）TRI-000 的最大剪应变云图

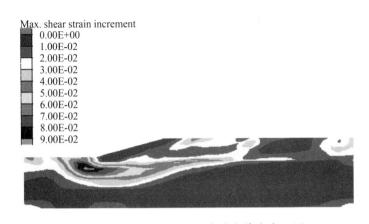

（b）TRI-090 的最大剪应变云图

图 4-10　不同地震波时场地最大剪应变云图

预测值具有一定的安全储备。另外，地震波的记录方向会造成由两条地震波分析得到的位移有所差异，故 TRI-000 地震波所得位移较小，而 TRI-090 地震波所得预测值较大。

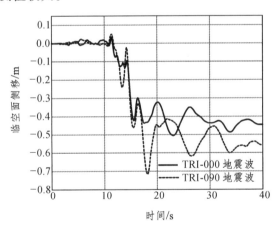

图 4-11　临空面侧移时程曲线

4.5　本章小结

PM4sand 砂土本构模型在参数确定上简单且物理意义明确，直接根据可液化土的动力标贯值对主要输入参数进行确定。结合液化实例，本章应用有限差分程序 FLAC 2D，采用 PM4sand 砂土液化模型模拟可液化土，计算该场地在地震作用下的侧移值。研究结果表明：根据可液化土的动力触探标贯值，获得对应 PM4sand 模型的相关输入，在基岩地震波作用下，FLAC 2D 得到的场地侧移值较文献中记录的侧移值大，得到的液化侧移值具有一定的安全储备。

液化侧移预测结果受到多种因素影响：较高的土体初始剪切模量会导致预测值偏小，土体的动剪切模量衰减曲线、阻尼比曲线和土体参数的不确定性会对计算结果产生一定的影响，地震输入也会对预测结果造成一定的影响。

第 5 章

场地液化特性的液化侧移计算方法

5.1 基于场地液化特性的液化侧移算法

Kavazanjian[110]研究表明，砂土液化后的土体响应本质是一个系统特性，因此不能仅依靠本构模型或者室内试验确定。本章从以下两点出发，提出基于场地液化特性的侧移计算方法：

（1）采用 Newmark 滑块法计算液化侧移时，主要取决于屈服加速度和地震输入，但 Newmark 滑块法不能考虑场地响应，存在一定的缺陷。

（2）Newmark 滑块法在计算时无法直接考虑场地液化的影响，仅通过砂土的残余剪切强度反映液化侧移机理，而在数值计算中采用 PM4sand 本构模型能反映场地的液化特性。

为了区分计算结果，将基于场地液化特征提出的计算方法定义为混合分析法。将仅根据有限差分软件 FLAC 2D[203]和液化砂土本构模型 PM4sand[195, 204]计算场地液化侧移的方法定义为完全分析法。应用不同方法计算液化侧移，与实测值对比后验证本章提出的计算方法。

图 5-1 给出了基于场地液化特征的液化侧移计算方法（混合分析法）的计算流程图。该方法需输入两种地震波：①可液化土下的地震波，且对应由有限差分计算获得的场地液化时间点后的地震波；②场地记录地震波，且对应液化时间点后的地震波。图 5-1 仅给出了基于地震波①的计算流程图。为了与 Newmark 滑块法进行对比，本章同时根据 Newmark 滑块法和场地对应的屈服加速度（液化土残余强度选用 Idriss 和 Boulanger 提出的残余强度计算式[115]）对液化侧移进行计算。

5.2 混合分析法和完全分析法

5.2.1 混合分析法

在混合分析方法中，首先利用有限差分法得到土体液化的液化时间，根据土体液化时间对液化土层下的地震波和场地的地表地震波进行截取，将液化时间后对应的输入波作为 Newmark 滑块法的地震输入，计算场地的

屈服加速度，采用 SLAMMER[139]程序进行 Newmark 滑块分析，得到液化
侧移值。

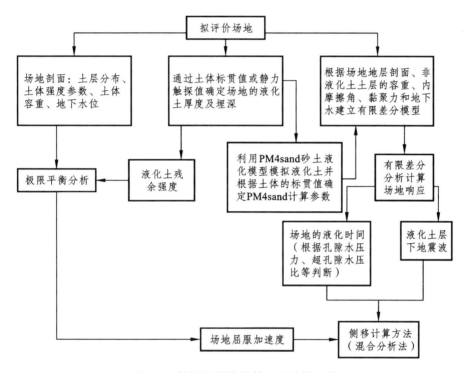

图 5-1　基于场地液化特征的计算方法

　　利用两种不同的地震波作为混合分析方法的地震输入，采用地表加速
度并考虑液化时间的混合分析方法记为混合分析-1，采用砂土液化层下的
地震波并考虑液化时间的混合分析方法记为混合分析-2。

　　计算场地的屈服加速度（土体的安全系数对应为 1.0 时的拟静力加速
度），根据 Morgenstern-Price[138]计算场地的安全系数，通过 Idriss 和
Boulanger[115]提出的土体剪切强度计算公式确定土体的残余剪切强度，而非
液化土采用 Mohr-Coulomb 破坏准则。公式（5-1）和公式（5-2）给出了 Idriss
和 Boulanger 提出的计算式[115]：公式（5-1）是该公式的下界限曲线，主要
考虑孔隙重分布对土体强度的影响；公式（5-2）是该公式的上界限曲线，
主要忽略孔隙重分布对土体强度的影响。

$$\frac{S_u}{\sigma'_{v0}} = \exp\left\{\frac{(N_1)_{60-cs}}{16} + \left[\frac{(N_1)_{60-cs}-16}{21.2}\right]^3 - 3.0\right\} \tag{5-1}$$

$$\frac{S_u}{\sigma'_{v0}} = \exp\left\{\frac{(N_1)_{60-cs}}{16} + \left[\frac{(N_1)_{60-cs}-16}{21.2}\right]^3 - 3.0\right\}$$

$$\left\{1 + \exp\left[\frac{(N_1)_{60-cs}}{2.4} - 6.6\right]\right\} \tag{5-2}$$

公式（5-1）和公式（5-2）中：S_u 对应的是土体的残余剪切强度（kPa）；σ'_{v0} 为液化土层上对应的竖向有效应力（kPa）。

混合分析方法中所需的砂土液化层下的地震波和场地液化时间的具体计算步骤为：

（1）根据现场的地层分布和土层参数建立场地剖面，并通过有限差分程序建立系统的静力平衡，在静力分析阶段，土体本构模型设置为莫尔-库仑本构模型，输入土体的容重、剪切强度（黏聚力和内摩擦角）、弹性剪切模量及体积模量。

（2）设置场地的地下水位条件并建立稳态地下孔隙水压力，设置地下水位下的饱和度为 1.0、地下水位以上的饱和度为 0。

（3）生成孔隙压力场后再次建立平衡。

（4）使用一维线性场地响应软件 SHAKE 2000[145]对场地的自由场加速度时程进行反卷积分析，获得有限差分计算中需要的加速度时程曲线。由于 Wildlife Site 和 Port Island 场地均有地表下记录的加速度时程曲线，因此仅对其他 3 个场地进行反卷积运算。

（5）根据 Hardin 模型将土体模量衰减曲线和阻尼比衰减曲线赋值给非液化土，并设置瑞利阻尼，将可液化土设置为 PM4sand 模型并赋值输入参数，设置土体具有不排水行为，将土体的渗透率设置为较低以减少动力计算时间，通过监测系统的不平衡力确定动力[203]计算系统是否达到平衡。

（6）通过有限差分法计算地震中的孔隙水压力和场地的液化时间、液化土层下的地震波。

5.2.2　完全分析法

完全分析方法指直接利用有限差分软件和砂土液化模型计算液化侧移：采用 PM4sand V3 本构模型并在 FLAC 2D[203]中进行计算分析。完全分析法的计算步骤见第 4.4 节。

5.3　液化侧移实例分析

根据以下条件，在液化侧移数据库中选取 5 个液化侧移实例：

（1）在液化侧移实例的场地进行过详细的地勘并对震害进行记录。

（2）具有确定的侧移位置。

（3）通过测量或其他可靠性手段在液化侧移场地获得液化侧移值。

（4）在场地附近或液化侧移处存在记录良好且具有代表性的地震波记录。

（5）场地详细记录了地层剖面、液化土层厚度、地下水位、标准贯入试验或静力触探试验值。

表 5-1 中给出了 5 个液化侧移实例，表中列出了每个实例的地震矩震级、侧移现场记录的地表峰值加速度（PGA）、侧移记录值以及相应的参考文献。

表 5-1　液化侧移实例

编号	场地名称	矩震级 M_w	液化侧移场地 PGA/g	侧移值/m	参考文献
1	Wildlife	6.5	0.21	0.18	Holzer 等[126]
2	Monterey Bay	7.0	0.25	0.28	Boulanger 等[129]
3	Wynne Avenue	6.7	0.51	0.15	Holzer 等[134]
4	Port Island	7.2	0.35	2.80	Inagaki 等[205]
5	雾峰 M 场地	7.6	0.81	1.62	Chu 等[135]

5.3.1 Wynne Avenue 液化侧移实例

1994 年的 Northridge 地震，其矩震级 M_w = 6.7，位于 San Fernando 山谷的 Wynne 大道的液化侧移为 0.15m，根据 Holzer 等[134]的调查，该地区的最大地面峰值加速度 PGA = 0.51g，对场地进行地质勘察[134, 206]，确定场地由 4 层土构成，分别为土层 A、土层 B、土层 C 及土层 D，如图 5-2 所示。单元土层 A 厚 2.2 m，为工程填土。土层 A 下为土层 B，厚 3.6 m，主要由全新世的砂质黏土和软弱贫泥土构成。土层 C 在土层 B 下，其性质与土层 B 类似，但较土层 B 刚度大，可分为土层 C1、C2 和 C3 三层，C1 和 C2 均为粉质砂土，而 C3 为黏土层，其中 C1 和 C2 的厚度分别为 2.0 m 和 1.0 m。根据 Holzer[134]的报告，土层 C1 的细粒含量（通过 200 号筛子的百分比）为 38%±23%，土层 C2 的细粒含量为 38%±16%。土层 C1 和 C2 的等效纯净砂修正标贯值分别分 20±6 和 27±10。土层 C1 和 C2 在地震中发生液化，土层 C1 的土体归一化标贯值取为 $(N_1)_{60}$ = 11.6，土层 C1 的等效纯净砂修正标贯值经细粒含量为 33% 的修正后为 $(N_1)_{60-cs}$ = 14.2。在本章的动力分析中，将 C1 和 C2 赋予相同的力学参数。土层 C3（土层 C 的黏土夹层）厚度为 5.0 m。土层 C3 下面为土层 D，该土层是非液化土，主要由更新世的中砂构成。

表 5-2 列出了在静力分析中的土体参数，表 5-3 列出了 C1 和 C2 对应的 PM4sand 相关计算参数。地震波选用由距离场地 7 km 的 Canoga Park-Topanga Canyon 强震记录台记录的两条正交地震[121]，地面峰值加速度分别为 0.36g 和 0.39g。该强震记录仪位于单层地表建筑物上，场地分类为硬土[140]，对应的剪切波速 $v_{s,30}$ 为 267.5 m/s。将两条地震波缩放至现场记录的 PGA = 0.51g，将反卷积得到的地震波加载至有限差分模型底部，计算得到场地对应的液化时间分别为 5.3 s 和 5.5 s。

采用考虑液化时间的地面加速度时程曲线、液化土层下 C1 考虑液化时间的加速度时程曲线作为地震输入，根据混合分析法计算液化侧移值，同时根据 Newmark 滑块法和完全分析法计算场地的液化侧移。

土层 B 是砂土层且覆盖于土层 C1 上，不考虑土层的孔隙重分布对砂土的残余剪切强度的影响。土层的纯净砂修正标贯值$(N_1)_{60-cs}$ = 14.2，上覆有效应力为 124.3 kPa，砂土的细粒含量 F_c = 33%，根据 Idriss 和 Boulanger 的计算式[115]，土体 C1 的残余剪切强度为 22.8 kPa。根据极限平衡分析法求得场地的屈服加速度为 0.15g。表 5-4 给出了 Newmark 滑块法、完全分析法和混合分析法得到的液化侧移值，表中也列出现场记录的液化侧移为 0.15 m。

　　对比分析由不同方法计算得到液化侧移，Newmark 滑块法和混合计算法-1 对应的 CNP-106 的液化侧移值小于场地记录的液化侧移（利用 Newmark 滑块法下 CNP-106 对应的正向位移除外），完全分析法对应的 CNP-196 的液化侧移值小于现场记录的液化侧移，其余方法均大于场地液化侧移记录值。由完全分析法得到的 4 个液化侧移值（两条地震波、两个方向）分别是现场记录侧移值的 1.5 倍、1.1 倍、0.3 倍和 0.2 倍。当采用 Newmark 滑块法时，由于每条地震波存在两个方向的加速度时程，所以两条地震波得到 4 个侧移值，其得到的液化侧移值分别是现场侧移值的 1.1 倍、0.8 倍、1.5 倍和 1.9 倍。当使用混合分析-1 时，其得到的侧移值较使用场地记录地震波进行 Newmark 滑块法得到的侧移值小；当采用混合分析-2 时，其得到的液化侧移值分别为现场侧移值的 1.9 倍、1.6 倍、1.3 倍和 2.2 倍。

表 5-2　Wynne Avenue 场地的土体静力分析参数

土层	厚度 /m	干密度 /（kg/m³）	剪切波速 /（m/s）	黏聚力 /kPa	内摩擦角/（°）	体积模量 /MPa	剪切模量 /MPa
土层 A	2.18	1770	140	20.0	27	83.7	38.6
土层 B	3.56	1800	89	3.0	25	73.9	15.8
土层 C1	2.36	1800	170	0	33	149	68.8
土层 C	1.23	1900	171	3.0	25	286	61.4
土层 C2	1.00	1800	242	0	32	285	131
土层 C3	4.98	1900	166	3.0	25	270	57.9
土层 D	2.32	2000	305	0	34	443	205

表 5-3 Wynne Avenue 场地的土体 PM4sand 参数

土体	D_R/%	G_0	h_{p0}
C1 和 C2	60.8	737.45	0.96

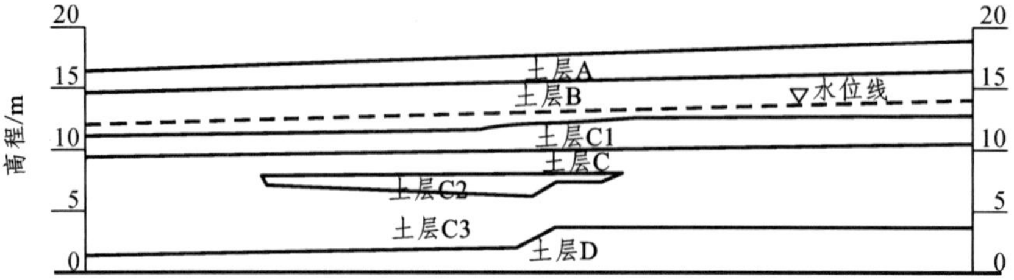

图 5-2 Wynne Avenue 场地的地层剖面图[134]

表 5-4 Wynne Avenue 场地计算侧移值（现场记录值为 0.15m）

地震波	完全分析法-有限差分法/m	方向	Newmark 滑块法/m	混合分析-1/m	混合分析-2/m
CNP-106	0.23	正向	0.16	0.14	0.28
	0.16	反向	0.12	0.08	0.24
CNP-196	0.05	正向	0.22	0.16	0.20
	0.03	反向	0.29	0.25	0.33

5.3.2 Monterey Bay Aquarium Research Institute 液化侧移实例

在 1989 年的 LomaPrieta 地震中,蒙特利湾水族馆研究所(Monterey Bay Aquarium Research Institute，以下简称为 MBARI 场地）观测到液化侧移。其中 Sandholdt 路安装的水平测斜仪（SI-2）测量到蒙特利湾水族馆研究所朝着 Old Salinas River 河发生的液化侧移值为 0.28 m。地下水位深度是 -1.04 m，液化发生在地下水位下。根据相关文献，现场的峰值加速度为 PGA = 0.25g [129]。图 5-3 所示为场地的剖面图，场地主要由级配较差的砂土层构成，厚度为 10.2 m。该砂土层存在夹层：在地表下 1 m 处存在 0.6 m 厚的黏土层；在地下 3.6 m 处存在 0.5 m 厚的黏土层；在地表下 4.56 m 处存在塑性指数为 7% 的中硬—硬质黏质粉土，其液性指数为 32%；在地表下 10.2 m 处至地表下 13.4 m 处存在着软—中硬质黏土，该土层的液性指数为

50%~77%，塑性指数为 25%~43%；地表下 13.4 m 到地表以下约 22 m 范围内存在硬粉质黏土层，液性指数为 55%~70%，塑性指数为 23%~34%，该土层性质与地表下 10.2~13.4 m 处的黏土性质类似。液化砂土的归一化标贯值为 $(N_1)_{60}$ = 10.0[129]，其细粒含量 F_c = 5%，对应的等效纯净砂修正标贯值为 $(N_1)_{60-cs}$ = 10.5。

　　表 5-5 给出了静力分析中所需要的 MBARI 场地的土层参数，表 5-6 给出了液化土的 PM4sand 参数。尽管在场地附近存在记录地震波，但台站位于软土上，因此选用 Monterey City Hall 记录的两条地震波进行反卷积计算并加载至有限差分模型中。该地震波是由距离液化侧移场地最近的强震台站记录的，距场地距离为 24.9 km，两条地震波为 MCH-000 和 MCH-090。Monterey City Hall 的场地条件为弱岩（weak rock）[140]，其对应的剪切波速为 $v_{s,30}$ = 638.6 m/s。根据 PEER 数据库[121]相关记录，两条地震波是自由场地震波，地面峰值加速度分别为 0.073g 和 0.064g，将两条地震波放大至 0.25g[129]作为输入地震波。

　　在 MCH-000 和 MCH-090 反卷积得到的地震波作用下，场地的液化时间分别为 8.0 s 和 7.5 s。由于液化砂土层上覆土仍是砂土且为临空面，因此在计算其液化残余剪切强度时，忽略孔隙重分布对砂土液化残余剪切强度的影响。在进行极限平衡分析中，液化砂土的纯净砂修正标贯值为 $(N_1)_{60-cs}$ = 10.5，上覆有效应力为 63.7 kPa，根据 Idriss 和 Bounlanger 的计算式[115]可得液化土的残余剪切强度为 6.3 kPa，经计算其对应的屈服加速度为 0.007g。

　　表 5-7 给出了 Newmark 滑块法、完全分析法和混合分析法求得的液化侧移及现场记录值。根据表中的计算结果，完全分析法计算所得的侧移是现场侧移值的 3.3~4.5 倍。当采用地表加速度时程（Newmark 滑块法）时，其得到的侧移值为实测值的 2.7~3.9 倍。在混合分析法中，当使用考虑液化时间的地表加速度时程（混合分析-1）时，其得到的侧移值为实测值的 1.6~3.6 倍；当使用考虑液化时间的砂土液化层下地震波（混合分析-2）时，其对应的液化侧移为实测值的 4.2~10.0 倍。

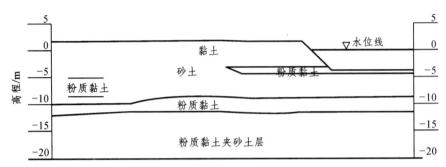

图 5-3 MBARI 地层剖面图[129]

表 5-5 MBRI 场地的土体静力分析参数

土层	厚度 /m	干密度 / (kg/m³)	剪切波速 / (m/s)	黏聚力 /kPa	内摩擦角 / (°)	体积模量 /MPa	剪切模量 /MPa
砂土	1.04	1600	186	3.0	38	206	68.8
黏土层	0.58	1255	125	8.0	28	257	26.5
砂土层	2.94	1600	186	3.0	38	206	68.8
黏性粉土	1.16	1496	168	10.0	25	117	48.0
砂土-2	4.50	1410	270	2.0	33	308	103
粉质黏土	3.20	1255	125	2.0	28	257	26.6
粉质黏土 夹砂土层	7.57	1353	281	10	17	137	142

表 5-6 MBRI 场地的土体 PM4sand 参数

土层	D_R/%	G_0	h_{p0}
砂土	46.6	590.43	0.43

表 5-7 MBARI 场地计算侧移值（现场记录值为 0.28 m）

地震波	完全分析法/m	方向	Newmark 滑块法/m	混合分析-1/m	混合分析-2/m
MCH-000	1.21	正向	0.75	0.53	2.80
	0.97	反向	0.75	0.44	1.78
MCH-090	0.93	正向	1.08	1.00	1.34
	1.26	反向	0.83	0.70	1.18

5.3.3　Chi-Chi 液化侧移实例

1999 年的 Chi-Chi（集集）地震[135]，其矩震级为 $M_w = 7.6$，在雾峰处发生液化，在地震中液化造成建筑物的沉降及液化侧移。雾峰位于地震断层的 0.8 km 范围内，PGA = 0.81g。根据文献[135]，在雾峰某餐厅的附近停车场 M 处存在朝向菜园溪的液化侧移。图 2-16 给出了场地的剖面图，地表下为 1 m 厚的人工填土，在该土层下为松散—中密的粉质砂土并夹杂粉土，在粉砂土下为较厚的砂砾层。地下水位于地表下 2.0 m 处。根据文献[135]，在地表下 2~3 m 深度范围内的粉质砂土发生液化，该土层的归一化标贯值的范围为 $(N_1)_{60} = 5\sim18$，本章采用中值 11.5。文献中对砂土的细粒含量没有记载，未对该标贯值进行细粒含量修正。表 5-8 列出了土体的莫尔-库仑参数[207]，表 5-9 给出了动力分析中液化土的 PM4sand 模型参数。选取距离液化侧移小于 1 km 的 TCU065 强震台站的地震波作为输入地震波并进行反卷积分析，得到有限差分模型中的输入地震波。其中，TCU065 强震台站的剪切波速为 $v_{s,30} = 305.9$ m/s[140]。

经分析，在两条地震波的作用下，场地的液化时间分别为 28.7 s 和 27.0 s。液化土上覆土为砂性土且存在临空面，因此不考虑孔隙重分布对残余剪切强度的影响，液化土的纯净砂修正标贯值为 $(N_1)_{60-cs} = 12.6$，液化土的上覆有效应力为 59.8 kPa，根据 Idriss 和 Boungler 的计算式[115]得液化土的残余剪切强度为 8.1 kPa，通过极限平衡分析得到屈服加速度为 0.075g。

表 5-10 中列出了 Newmark 滑块法和两种分析方法计算得到的液化侧移及现场记录的液化侧移。3 种方法得到的液化侧移值与现场记录值比较偏大。经完全分析法分别得到的位移是场地记录值的 3.1~4.6 倍。采用混合分析法并使用地表加速度时程且考虑场地液化时间时，其得到的液化侧移较其他几种方法小，液化侧移值是现场记录值的 1.5~2.7 倍；当采用混合分析法并使用液化土层下的地震波且考虑液化时间时，其得到的液化侧移值是现场记录值的 2.6~3.9 倍；当采用 Newmark 滑块法计算液化侧移时，计算值是现场记录值的 1.7~2.9 倍。

表 5-8　雾峰 *M* 场地静力分析参数[207]

土层	厚度/m	干密度/（kg/m³）	剪切波速/（m/s）	黏聚力/kPa	内摩擦角/（°）	体积模量/MPa	剪切模量/MPa
填土	1.0	1800	210	20.0	45	157	94
粉质砂土-1	2.0	1600	144	0	33	11.4	5.86
粉质砂土-2	1.0	1600	215	0	36	22.9	94
粉土	0.5	1600	152	0	32	117	42
砂砾土	15.0	1600	312	2.0	45	328	197

表 5-9　雾峰 M 场地土体 PM4sand 参数

土层	D_R/%	G_0	h_{p0}
填土	54	670	0.40

表 5-10　Newmark 滑块法和有限差分法计算结果（现场记录值为 1.62 m）

地震波	完全分析法/m	方向	Newmark滑块法/m	混合分析-1/m	混合分析-2/m
650e	5.02	正向	2.88	2.42	7.89
	6.65	反向	2.82	2.71	7.80
650n	6.50	正向	4.68	4.32	6.90
	7.37	反向	4.58	4.15	5.87

5.3.4　Port Island 液化侧移实例

在 1995 年的 Kobe 地震中，在 Port Island 处观测到多处液化侧移。Port Island 是一座人工岛，在预制混凝土材质的沉井后填土而成，挡墙后填土的液化造成了挡土墙的液化侧移。Port Island 设置的地震台站记录到现场地震波，图 5-4 给出了该台站的地层剖面[208]。地下水位高程为 0 m，震后勘查得到的场地液化侧移值为 2.8 m。该场地共有 5 层土，其中：最上层是厚度为 15~20 m 的水力充填的砂砾石（Sandy Gravel）；该土层下为冲积海相黏土（Alluvial Clay）层，位于地表下 15~23 m 处；在黏土层下依次为 10 m

厚的冲积砂土层(Alluvial Sand)层、23 m 厚的砂砾土(Diluvial Sandy Gravel)
层、延伸至地表下 78 m 的冲积黏土（Duluvial Clay）层。根据文献[128]，
发生液化的砂砾石土层的归一化标贯值为 $(N_1)_{60} = 10.8$ ，其细粒含量为
$F_c = 20\%$。

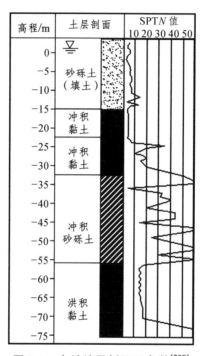

图 5-4　台站地层剖面及参数[208]

根据文献[209]中的场地地层剖面图（图 5-5），建立二维有限差分模型
并计算液化侧移。在图 5-5 中，混凝土沉井位于高程+4 m 至-12 m 处，该
沉井由 3.5 m 厚的砾石和鹅卵石层支撑，在支撑层下高程为-15.5 m 至-24 m
处设置水力充填砂，在水力充填砂下为密实砂土层，位于高程-24 m 至-32 m
处。在沉井基础后为水力充填砂砾石，其高程为+4 m 至-12 m。沉井基础
下除砾石和鹅卵石支撑层外，其余为冲积黏土，高程为-12 m 至-24 m，黏
土层下为密实砂土层。在沉井基础和水力充填土之间设置碎石土。表 5-11
给出了静力分析中使用的土体参数，表 5-12 给出了在动力分析中的
PM4sand 参数。仅采用 Port Island 场地记录的地震波作为地震输入，该地

震波位于地表下 32 m 处, 记作 PRI-000。将该地震波进行卷积分析得到对应的地表输入地震波。

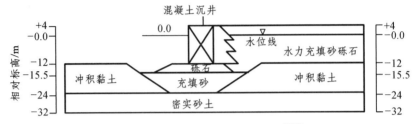

图 5-5　Port Island 地层剖面图[209]

表 5-11　Port Island 场地的土体静力分析参数[209]

土层	厚度 /m	干密度 /（kg/m³）	剪切波速 /（m/s）	黏聚力 /kPa	内摩擦角 /（°）	体积模量/MPa	剪切模量/MPa
混凝土	16.0	1700	N.A.	N.A.	N.A.	N.A.	9000
冲积黏土	12.0	1700	180	2.0	24	350	75
充填砂	8.5	1800	162	0	32	120	58
砾石和鹅卵石	19.5	2000	279	0	33	440	180
水力充填砂砾石	16.0	1800	190	0	30	160	79
密实砂土	8.0	1600	245	0	33	900	108

表 5-12　Port Island 场地的土体 PM4sand 参数

土层	D_R/%	G_0	h_{p0}
水力充填砂砾石	57.7	704.57	0.76

　　在地震中, 沉井基础的位置发生变化且会发生应力集中, 根据 Idriss 和 Boulanger 计算式[115], 液化土的上覆有效应力为 153.8 kPa, 其对应的细粒含量为 $F_c = 20\%$, $(N_1)_{60-cs} = 12.5$, 液化土对应的残余剪切强度为 17.0 kPa。极限平衡分析得到的屈服加速度为 0.04g, 场地的液化时间为 21.6 s。将 Newmark 滑块法、完全分析法和混合分析法求得的场地液化侧移进行分析并列于表 5-13 中。

表 5-13　Port Island 场地计算侧移值（现场记录值为 2.8 m）

地震波	完全分析法/m	方向	Newmark 滑块法/m	混合分析-1/m	混合分析-2/m
PRI-090	1.15	正向	1.83	0.65	0.19
	1.07	反向	2.31	0.89	0.22

　　根据计算结果，完全分析得到的液化侧移是现场记录值的 41% 和 38%，利用 Newmark 滑块法计算液化侧移时，计算值分别是现场记录值的 65% 和 83%。当采用现场地表加速度时程且考虑液化时间点时，其液化侧移值分别是现场记录值的 23% 和 32%，当采用液化土层下地震波且考虑液化时间点时，其液化侧移值分别是现场记录值的 7% 和 8%。根据 Newmark 滑块法和混合法计算液化侧移时，计算所得值与现场记录值相差较大，其原因是在 Newmark 滑块法和混合法中不能考虑挡墙在地震中的翻转作用。

5.3.5　Wildlife site 液化侧移实例

　　WLA 液化台阵（Wildlife Site Array）由美国地质调查局建立，位于美国加利福尼亚州南部的阿拉莫河冲积平原上。在 1987 年的 Superstition Hills 地震[126]中，该地区发生液化并在现场观测到砂涌、地裂缝和砂土液化侧移。该液化台阵记录了 1987 年 Superstition Hills 地震时液化土层下的加速度时程曲线和不同位置的孔压曲线。根据 Holzer 等[126]的报道，该场地在 1987 年 Superstition Hills 地震中的峰值地面加速度 PGA = 0.21g，场地朝阿拉莫河方向发生 0.18 m 的侧移。

　　在地震中粉质砂土层发生液化，图 5-6 所示为 WLA 液化台阵地质剖面图。本章给出了 3 个不同文献的地层剖面图，其中图 5-6（a）是根据 Ching 和 Glaser 的研究[210]得到的场地剖面图，由上至下分别为粉土、粉质砂土、粉质黏土，其中粉土层厚 2.5 m，粉质砂土层厚 3.7 m，粉质黏土层厚 4.8 m。图 5-6（b）根据文献[211]得到的。在图 5-6（b）[211]中：WLA 液化台阵埋设 P1~P6 共 6 个孔压传感器；设置 2 个强震记录仪，其中 SM1 位于台阵表面，SM2 位于粉质黏土层中。将图 5-6（c）[51]用于本章的极限平衡分析，并根据图 5-6（a）的土层参数进行计算。表 5-14 和表 5-15 分别列出了在分析中使用的土体参数，记粉土层为土层 A、粉质砂土层为土层 B（土层 B

由不同密度的 B1 和 B2 构成），粉质黏土层记为土层 C。在土层 C 下为粉土层。表 5-14 为与静力计算对应的土体弹塑性模型参数，表 5-15 为与液化土即粉质砂土 B1 和 B2 对应的 PM4sand 模型参数[212]。

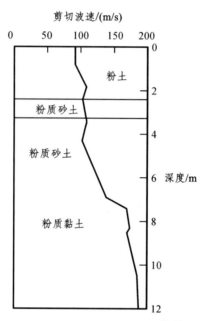

（a）Wildlife Site 地层剖面[210]

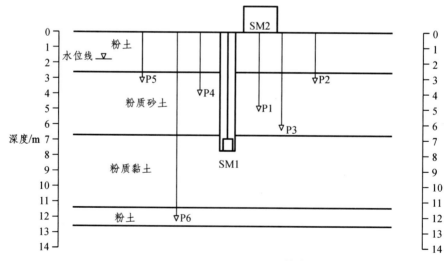

（b）Wildlife Site 地层剖面[211]

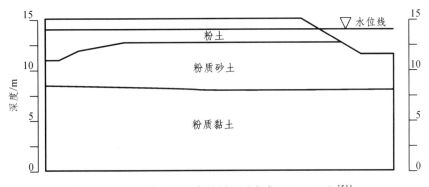

（c）Wildlife Site 理想地层剖面（根据 Makdisi）[51]

图 5-6　Wildlife site 场地地层剖面图

采用 3 条不同的地震输入进行分析，其中一条地震输入仅包含在地表下台站记录的地震波。该地震波方向垂直于河流的流向，记为 IVW-090。该地震波直接作用在有限差分模型中土层 C 的底部。另外两条地震波来自 Calipatria Fire Station，该强震台站位于一座两层楼建筑物的一楼，分别记为 CAL-225 和 CAL-315，忽略结构物与土体的相互作用，将两条地震波[121] 作为自由场地震波。CAL-225 和 CAL-315 对应的地面峰值加速度分别为 0.19g 和 0.26g，将两条地震波缩放至 PGA = 0.21g，通过反卷积分析[145]得到有限差分模型底部的地震输入。Calipatria Fire Station 所处场地为硬岩，其剪切波速为 $v_{s, 30}$ = 205.8 m/s[140]。

利用 Idriss 和 Boulanger 计算式[115]，根据粉质砂土的细粒含量 F_c = 30%、纯净砂修正标贯值$(N_1)_{60-cs}$ = 12.7、上覆有效应力为 61.7 kPa 等条件，忽略孔隙重分布对砂土残余剪切强度的影响，求得粉质砂土的砂土液化强度为 6.76 kPa。由极限平衡分析求得场地的屈服加速度为 0.03g。

图 5-7 给出了 3 条不同地震输入作用下的孔隙水压力的时程曲线和 P2 孔隙水压计记录的孔隙水压力时程曲线，定义孔隙水压力比为 0.95 时液化发生，根据 Kramer 的最新研究成果[3]，1987 年 Superstition Hills 地震中的孔隙水压力测量并不准确，不能完全根据当时的记录值判定孔隙水压力的生成。对应于强震开始，图 5-7 中的 P2 记录的原始孔隙水压力的前 15 s 记

录未在图中反映。由图中曲线可知，孔隙水压力与实测值相比偏小，P2 在地震到达场地 40 s 后开始液化，而其他 3 条曲线对应的液化时间为 14.7~18.0 s。

表 5-16 列出了根据完全分析法、Newmark 滑块法和混合分析法求得的液化侧移值并与现场测量得到的 0.18 m 液化侧移值进行对比。采用 3 条地震输入得到的液化侧移与现场测量值相比，由完全分析法计算得到的液化侧移较实测值大，液化侧移预测值范围是 0.24~0.63 m，为现场实测值的 1.3~3.5 倍。对于 IVW-090，由 Newmark 滑块法计算得到的液化侧移大于现场测量值，在考虑了液化时间后分别采用混合分析-1 和混合分析-2 时，其得到的液化侧移值仍大于现场测量值。除了 CAL-225 地震波对应的负向加速度时程和 CAL-315 对应的正向加速度时程外，CAL-225 和 CAL-315 对应的混合分析-2 得到的侧移值均大于或等于现场测量值。

表 5-14　Wildlife Site 场地的土体静力分析参数[210, 212]

土层	厚度 /m	干密度 /(kg/m³)	剪切波速 /m/s	黏聚力 /kPa	内摩擦角 /（°）	体积模量 /MPa	剪切模量 /MPa
土层 A （粉土）	2.5	1440	90	9.5	33.6	40.4	18.6
土层 B1 （粉质砂土）	1	1468	110	2.0	33.0	52.5	24.2
土层 B2 （粉质砂土）	2.7	1468	120	2.0	33.0	52.5	24.2
土层 C （粉质黏土）	4.8	1523	180	21.5	30.0	12.0	55.2

表 5-15　Wildlife Site 场地的土体 PM4sand 参数[212]

土层	D_R/%	G_0	h_{p0}
土层 B1	38	350	1.90
土层 B2	58	266	0.86

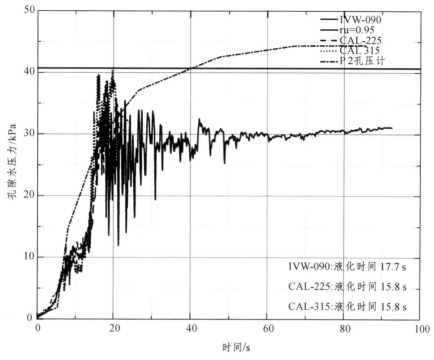

图 5-7　P2 孔隙水压力时程曲线

表 5-16　Wildlife Site 场地计算侧移值（现场记录值为 0.18 m）

地震波	完全分析法/m	方向	Newmark 滑块法/m	混合分析-1/m	混合分析-2/m
IVW-090	0.63	正向	0.36	0.19	0.47
	0.24	反向	0.37	0.22	0.35
CAL-225	0.25	正向	0.10	0.04	0.22
	0.27	反向	0.09	0.02	0.12
CAL-315	0.27	正向	0.07	0.01	0.15
	0.24	反向	0.08	0.04	0.18

5.4　结果分析

为对比完全分析法和混合分析法计算液化侧移的适用性，对比液化侧移计算值与现场侧移值，并将两者的比值列于表 5-17 中。其中 δ_{calc} 为计算侧移值，δ_{rep} 为现场侧移值，求每种分析方法的侧移比平均值。完全分析法即有限差分法的侧移比平均值为 2.29，Newmark 滑块法所求得的侧移比平均值为 1.71，混合分析-1 所求得的侧移比平均值为 1.28，而混合分析-2 求得的侧移比平均值为 2.92。表 5-17 列出了每种侧移计算方法的侧移比标准差，对应 4 种分析方法的侧移比标准差分别为 1.56、1.03、1.00 和 2.47。

如表 5-17 所示，根据侧移值的平均值和标准差判断，混合分析-1 较其他计算方法更为准确，当使用混合分析-2 进行计算时，液化侧移计算值的偏差最大，准确性最低。当采用完全分析法时，除 Port Island 实例、Wynne Avenue 实例中采用 CNP-196 地震输入外，侧移计算值较实测值偏大，因此在计算液化侧移时，基于场地液化特征的算法所得的侧移值可作为预测值的最小值。而基于完全分析法（有限差分法和 PM4sand 砂土本构模型）计算所得的侧移值可作为预测值的最大值。

表 5-17 不同计算方法下 5 个液化侧移实例侧移比

侧移实例	地震波	侧移比（$\delta_{calc}/\delta_{rep}$）				
		Newmark 滑块法/m	混合分析-1/m	混合分析-2/m	完全分析法/m	现场记录侧移值/m
Wynne Avenue 实例	CNP-106	1.07	0.93	1.87	1.53	0.15
		0.80	0.53	1.60	1.07	
	CNP-196	1.47	1.07	1.33	0.33	
		1.93	1.67	2.20	0.20	
Monterey Bay Aquarium Research Institute 实例	MCH-000	2.68	1.89	10.0	4.32	0.28
		2.68	1.57	6.36	3.46	
	MCH-090	3.86	3.57	4.79	3.32	
		2.96	2.50	4.21	4.50	
雾峰 M 场地实例	650-e	1.78	1.49	4.87	3.10	1.62
		1.74	1.67	4.81	4.10	
	650-n	2.89	2.67	4.26	4.01	
		2.83	2.56	3.62	4.55	
Port Island 实例	PRI-090	0.65	0.23	0.07	0.41	2.80
		0.83	0.32	0.08	0.38	

续表

侧移实例	地震波	侧移比（$\delta_{calc}/\delta_{rep}$）				现场记录侧移值/m
		Newmark滑块法/m	混合分析-1/m	混合分析-2/m	完全分析法/m	
Wildlife Site 实例	IVW-090	2.00	1.06	2.61	3.50	0.18
		2.06	1.22	1.94	1.33	
	CAL-225	0.56	0.22	1.22	1.39	
		0.50	0.11	0.67	1.50	
	CAL-315	0.39	0.06	0.83	1.50	
		0.44	0.22	1.00	1.33	
平均值		1.71	1.28	2.92	2.29	
标准差		1.03	1.00	2.47	1.56	

5.5　本章小结

　　根据 Newmark 滑块法和可液化土残余剪切强度对应的屈服加速度计算液化侧移时，由于 Newmark 滑块法自身的特性，该方法不能全面考虑场地液化对侧移计算值的影响，而数值计算方法可根据不同的砂土本构模型对液化场地进行分析。由第 4 章中根据 PM4sand 砂土液化模型对液化侧移实例的分析可知，该砂土液化模型可用于液化侧移计算中且能反映场地的液化时间。

　　本章提出基于场地液化特征的液化侧移计算方法并记作混合分析法，将采用不同地震输入的混合分析法分别记为混合分析-1、混合分析-2，这两种方法分别采用了考虑液化时间的自由场地震输入以及考虑液化时间且取自有限差分模型液化土层下地震输入；采用有限差分法计算液化侧移并将该方法记为完全分析法。

　　（1）通过对 5 个液化侧移实例的计算，将计算值和实测值的比记为侧移比。相关统计分析结果表明：由混合分析-1 计算得到的侧移值较为合理，该方法对应的侧移比的平均值为 1.28，其对应的标准差为 1.00。本章提出的基于场地液化特征的算法能够用于液化侧移计算中，且当使用地表场地输入并考虑场地的液化时间时，用该计算方法得到的液化侧移值与实测值接近，因此采用基于场地液化特征的算法所得的液化侧移值可作为液化侧移预测值的最小值。

（2）对于完全分析法，其对应的侧移比平均值为 2.29，对应的标准差为 1.56。除了 Port Island 实例和在 Wynne Avenue 实例中采用 CNP-196 地震输入者外，其余实例液化侧移计算值较实测值偏大。当使用 PM4sand 砂土液化模型对场地进行分析时，可以将液化侧移值作为计算最大值，但数值分析对场地的地层参数要求较高，因此需要在工程计算中根据现场或室内试验等手段对土体静力和动力参数进行确定。

第 6 章

一维非线性场地响应分析的
液化侧移计算方法

6.1　计算方法的提出

在岩土工程中，土体参数和场地地层分布主要根据钻孔资料得到，且在液化分析中也根据钻孔评价场地是否液化。在工程实践中，需提出既能准确反映液化侧移机理和场地液化特性，同时也能够满足工程师的应用需求的计算方法，即输入参数少、物理意义明确且计算准确的方法。

本章考虑可液化土特性，结合地勘钻孔，提出基于一维非线性场地响应分析的侧移计算方法；利用非线性分析方法，预测场地的液化时间，将考虑液化时间的液化土层下的地震波作为地震输入，计算液化土的残余剪切强度，根据刚体极限平衡法求场地的屈服加速度；最后根据 Newmark 滑块法进行侧移计算。

6.1.1　液化侧移一维计算方法简述

本章提出的侧移计算方法计算思路见图 6-1，计算步骤如下：

（1）获取场地侧移的地层资料，如土层分布、地下水位、可液化砂土的粒径曲线，黏性土的塑限和液限、重度、强度参数、剪切模量、剪切波速度等相关参数。

（2）根据场地条件选择地震输入。

（3）计算场地的屈服系数，其中可液化土层的土体强度为残余剪切强度，取可液化土的标贯值和上覆土有效应力，根据经验计算式求土体残余剪切强度。

（4）进行非线性场地响应分析，得到场地的液化时间、液化土层下的地震波。

（5）将第（4）步所得的时程，选取液化时间后部分作为输入地震，将第（3）步所得的动力系数作为 Newmark 滑块法所需屈服加速度，计算场地液化侧移。

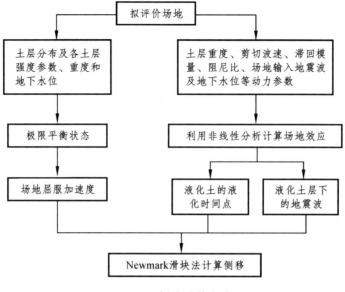

图 6-1　侧移计算方法

6.1.2　场地响应分析求液化时间

为求场地的液化时间，需进行场地响应分析。场地响应分析方法分为两类：等效线性分析方法和非线性分析方法。

6.1.2.1　等效线性分析

Schnabel 等[144]于 1972 年编写了最早的 SHAKE 程序，Idriss 和 Sun[213]于 1992 年开发了频域分析软件 SHAKE91 用于分析场地响应。SHAKE 2000[145]是 SHAKE91 的最新版本，能够对计算结构进行前处理和后处理。Yoshida 等[214]提出等效线性分析方法 DYNEQ，考虑了有效应变、频率相关刚度和阻尼特性。Rathje 等[215]提出根据随机振动理论估算地表反应谱。齐文浩等[152]对等效线性方法进行评述，给出等效线性方法在分析软弱土和强震时的不足。蒋通等[216]采用谱平滑化方法对标准反应谱进行拟合，提出考虑频率相关性的等效线性方法。Yang 等[217]在 2009 年提出了考虑水平和竖向地震波传播的地震响应分析程序，该程序中采用了动力刚度矩阵法和等效线性分析法。邢海灵等[218]通过对地震输入统计，在阻尼比为 5%的情况下给出了水平峰值速度与最大拟速度谱的简化公式，根据随机振动理论和传递函数，提出了由基岩反应谱直接计算地表反应谱的等效线性方法，将该方法应用于实际场地中。Lasley 等[219]验证了 5 个不同程序的实用性，采用不同的等效线性场地响应分析软件对场地响应进行了分析，得到场地响应受到剪切模量和有效应变比的影响。于啸波等[220]对比了 SHAKE 2000 和 LSSRLI-1 两个等效线性软件，认为 LSSRLI-1 需要对剪应变进行修正以弥补其在Ⅲ、Ⅳ类场地计算中的不足。李晓飞等[221]对比了 SHAKE 2000 和 LSSRLI-1 两个等效线性软件，认为 LSSRLI-1 在分析弱非线性土时计算结果优于 SHAKE 2000。李瑞山等[222]对比了 SHAKE 2000、LSSRLI-1 和线性时域精确解方法在分析中硬场地时的差异性，认为线性时域精确解能够获得较准确的地表反应谱和土体剪应变分布，但需要对 LSSRLI-1 的剪应变分布进行修正。李瑞山等[223]采用 SHAKE 2000、LSSRLI-1 和时域精确解计算软土和硬土中的加速度反应谱和剪应变分布，认为在软土场地计算中，LSSRLI-1 需要修正剪应变分布，而在硬土场地计算中，由 SHAKE 2000、LSSRLI-1 和时域精确解能得到较一致的计算结果。陈学良等[224]利用等效线性分析方法分析近场速度脉冲的场地响应适用条件，认为双向速度脉冲型地震作用下的场地响应分析可采用等效线性方法。Mirshekari 等[225]采用等效线性和非线性分析法分析非饱和砂土的场地响应，分析了含有不饱和吸力砂土层和粉质砂土层场地的动力响应，对比两种分析方法，采用等效线性分析方法求得的粉质砂土的侧向变形偏大。Zalachoris 等[226]利用动力响应方法分析现场地震台站数据，分别采用一维等效线性分析方法、基于频率相关的土层参数的等效线性分析和完全耦合非线性分析方法，在不同的地震强度条件下对场地响应进行分析，当应变大于 0.1% 时，即使是考虑了剪切强度，3 种方法求得的场地响应也均不准确。Bouckovalas 等[227]提出了一种基于频域等效线性分析方法计算的弹性反应谱，地震输入波分为两部分，其中一部分加速度时程会对场地产生液化效应，其余加速度时程对场地不产生液化效应，通过将两部分加速度时程应用于不同的场地剖面，获得了场地在动力荷载作用下液化前和液化后的反应谱的包络线上限。张季等[228]提出了饱和场地响应的一维等效线性分析方法，该方法采用饱和土层和半空间精确的动力刚度矩阵，能够考虑 P 波、SV 波斜入射情况下的水平成层场地响应。Kumar 等[229]在 MATLAB 中开发了一种频域等效线性场地响应分析方法。李瑞山和袁晓铭[151, 230-232]开发了等效线性程序 SOILQUAKE，在软弱土层中利用线性分析修正反应谱和剪应变分布及在硬土中考虑高频分量，并将该程序应用于濮阳市黄河公路大桥的设计谱中。Astroza 等[233]提出了等效线性数值计算模型，采用贝叶斯定理对模型进行了标定。张如林等[234]提出考虑模量衰减与阻尼系数变化的等效线性分析方法，指出在等效线性计算中，可不考虑模量衰减对模型的动力特性的影响。由第 3 章的分析可知，等效线性分析对土体进行了简化处理，认为土体的剪切模量、阻尼比等在地震过程中不发生变化，通过迭代计算土体的有效剪切应变，因此等效线性分析不能考虑土体在地震过程中的变化，同时在计算过程中可能会对地震输入中某些频率成分造成放大效应，且等效线性分析不能直接考虑场地的液化作用。

6.1.2.2　非线性动力分析

Hashash 等[235]开发了考虑剪切波在水平和竖向方向传播的非线性场地响应分析软件，在土的循环加载和卸载的条件下采用修正双曲线模型，并考虑在不同侧向压力对土的模量和阻尼的影响。Borja 等[236]提出用非线性地面反应谱分析法（SPECTRA）和等效线性分析法（SHAKE）对由地下强震阵列记录的自由场进行动力响应分析，分析结果表明，场地的动力响应受到土体强度的变异性影响。金星等[237]提出了采用 Pyke 土体本构模型和离散后的动力平衡方程，结合多次投射人工边界条件的非线性场地响应分析软件。陈国兴等[238]对 Davidenkov 骨架曲线进行修正，采用 Masing 法则，给出土体加载再卸载的应力-应变曲线，并给出了南京及邻近地区的阻尼比和模量衰减曲线的拟合参数值。甘杨等[239]提出解析递推格式法求解土体的非线性场地响应，将该方法与等效线性方法进行对比：在入射幅值较强时，该方法与等效线性方法差异较大；在入射幅值较小时，该方法行之有效。

Presti[240]提出了一种非线性动力分析方法，该程序假定土层是水平分层的，土层由质点和弹簧构成，根据乘以放大系数（与强度衰减相关）的 Masing 准则描述土体在循环作用下的加载与卸载应力路径和刚度衰减。李大为[241]提出基于有效应力原理的一维土层非线性响应分析，推导时域非线性显式有限元计算公式，给出了该非线性响应程序的本构模型、孔隙水压力模型和剪切模量修正方法。齐文浩等[242, 243]提出一种指数形式的动力本构模型，结合时空交叠积分格式和多次投射边界条件，编制了计算机程序 NDSoilUN-1D，通过实际算例，验证了该方法的可靠性。王伟[244]指出在非线性响应分析中需要考虑土体的刚度、阻尼与频率的相关性，提出地震动分段输入法并将分析结果在时域或频域分析中叠加，以弥补等效线性分析在计算剪应变分布时的不足。Wang 等[245]对比分析了软土场地对应经过阻尼修正和未经滞回阻尼修正的非线性方法，经分析两种方法得到的地表加速度时程与沿深度变化的峰值剪应力差异不大，而软土的峰值剪应变和峰值加速度不同。卢滔等[246]给出了一种土层非线性地震响应的时域分析方法，考虑了阻尼比和刚度比试验曲线，该方法消除了等效线性方法在较大峰值加速度时程作用时的共振作用。尤红兵等[247]结合土层和半空间的精确动力刚度矩阵，分析了地震波斜入射时水平层状场地的非线性地震反应，建议在地震分析中需考虑斜入射地震波的非线性场地响应。丁玉琴[248]提出基于双曲正切函数的非线性本构模型，并编制相应程序，指出在地震响应分析中，需要考虑土层剪切波速分布和不同土层的接触面，并给出了相关参数选取的建议值。兰景岩等[249]给出了有关海域土的动剪切模量比和阻尼比的统计平均值，通过典型场地验证了所提非线性参数的合理性。陈雷等[250]给出了采用双曲线模型模拟场地土体的非线性特性，研究了在不同地震波作用下，深覆盖土层场地的非线性行波效应的变化规律，指出随着波速的减小，土层对地震波的水平加速度的放大效应减小。王振华等[251]利用等效线性和非线性分析方法对水平成层土进行分析，结果表明当动荷载频率和强度较低或较高时，土体的阻尼会放大两种分析方法计算结果的差异性。YEE 等[252]分析了 2007 年 Niigata-Ken Chuetsu Oki 地震中的 KKNPP 场地，并对该场地进行等效线性分析和非线性分析，计算结果表明等效线性分析和非线性分析软件能够较好地预测余震和主震记录作用下的场地反应谱。鄢兆伦[253]提出使用特征线法计算场地的非线性场地响应，将 Ramberg-Osgood 本构模型改进为抛物线本构关系，将刚性边界条件改进为透射边界条件，根据 KiK-Net 台站实际记录对该方法进行了验证。陈万山等[254]引入黏性阻尼矩阵，利用非线性场地响应分析软件计算了天津滨海软土的非线性响应，研究表明在大应变情况下，非线性分析得到的结果与实际情况较为接近。朱传彬等[255]根据二维非线性场地响应分析程序，计算了 SH 波斜入射时的盆地地表加速度峰值和反应谱随着入射角的变化规律和特征，给出了梯形盆地的最不安全位置。潘蓉等[256]计算了核电场地在地震作用下的非线性响应，分析了在不同强震作用下场地的非线性响应，指出在强震下，场地出现了明显的非线性特征，且受到地震强度和震源特性的影响。Bhuiyan[257]根据 DEEPSOIL、D-MOD 2000 和 Opensees 计算地层条件为土-岩的剖面，计算结果表明，随着输入地震波的强度增大，其谱加速度随之增加。Ravichandran[258]等引入非饱和土的外部黏滞阻尼至微分控制方程中并忽略流体的相对加速度和速度，开发非线性的有限元模型用于非饱和土场地的响应分析，分析得知场地响应受到目标阻尼、基本周期和土体刚度的影响，弹塑性本构模型会减小场地的谱加速度。王龙等[259]在商业软件中植入修正的 Matasovic 本构模型，选取美国密西西比湾深厚场地作为研究对象，计算地表加速度时程和反应谱，通过与 DEEPSOIL 计算结果对比，证明了该本构模型的可行性。张海等[260]利用 DEEPSOIL 程序，构建了软土场地模型，采用线性分析和非线性分析方法开展研究，建议需对软土的地震响应开展非线性响应分析。王笃国等[261]基于等效线性和二维应变空间状态理论，提出能考虑地震斜入射的非线性分析方法，给出了成层场地地震入射随入射角的变化规律。侯春林等[262]根据规范对核岛结构设计的地基场地进行非线性场地分析，开展了不同地震持时加速度输入对场地响应的研究，研究得到长持时对场地响应影响明显，需在抗震设防中予以考虑。梁建文等[263]利用等效线性法模拟土体的非线性特性，通过分析得到土体的非线性对三维凹陷地形地震响应影响显著。

龚彩云等[264]对苏州某深厚场地进行了二维非线性地震分析，对比分析了基于 Davidenkov 和 Matasovic 骨架的曲线模型，研究表明对于深厚场地，两个本构模型所得到的地表谱加速度基本相似，而峰值加速度有所差异。随着基岩输入强度的增大，两个本构模型给出的结果差异较大。胡庆等[265]对软弱土场地响应进行研究，分别采用等效线性分析和非线性分析方法，研究了不同地震强度下的场地反应，建议利用非线性场地响应方法分析厚度较大的软弱淤泥质场地，采用线性分析方法分析厚度较小的软弱淤泥质场地。韩蓬勃[266]改进了非线性场地响应分析程序 CHARSOIL，结合黏性边界条件和动态骨架本构模型进行改进，结合日本 KIK-Net 算例对改进后的 CHARSOIL 程序进行评价，认为当地震峰值加速度大于 $0.1g$ 时，CHARSOIL 的可靠性需要进一步验证。陈国兴等[267]根据南海珊瑚岛中的珊瑚砂动三轴试验，得到 Matasovic 本构模型所需的拟合参数，通过对该珊瑚岛进行非线性场地响应分析，得到了峰值加速度随深度的变化曲线，研究表明地震输入频谱特性对珊瑚岛礁的地表谱加速度形状影响较大。

在液化侧移中，场地的土体在地震循环荷载的作用下会产生大应变，其应力应变关系表现为非线性关系，因此在分析中首先应考虑土体的非线性。在地震过程中非线性响应分析能考虑土体的刚度和孔隙水压随时间的变化，因此能准确反映土体在地震过程中的非线性行为。土体的非线性响应分析取决于土的本构模型和孔压模型，考虑到 D-MOD 2000 中的土体本构模型和孔压模型被广泛应用，本章利用 D-MOD 2000 程序[268]对场地进行液化分析，根据有效应力分析法，考虑地震过程中孔隙水压力的变化和增长过程，确定场地的液化时间及液化层下的地震输入，判断上覆土体永久位移开始积累时间。

在 D-MOD 2000 中进行有效应力分析时，根据一维钻孔资料和地下水位位置，输入土层厚度、剪切波速或剪切模量、饱和容重，并根据孔隙水压力消散模型定义相关控制参数，输入场地或者场地附近的地震波，获得场地的非线性响应。当地表下存在台站并有记录地震波时，直接在相应模型深度加载即可。

6.1.3　有效应力本构模型

D-MOD 2000 [268]由 Geomotions 开发，Lee 和 Finn[269]于 1978 年开发了 DESRA-2 程序，该程序假设土体为集中质量，并用双曲线关系描述土体的应力-应变曲线，通过 Masing 准则描述土体的非线性响应，在时域分析内采用黏滞阻尼求解传播方程。D-MOD 2000 在 DESRA 的基础上改进 Konder-Zelasko[270]提出的双曲线应力-应变曲线，在每个时间步长上更新土体刚度，通过修正 Konder-Zelaso 模型[271]控制模量衰减曲线和阻尼比衰减比曲线，并引入孔压相关参数。

在 D-MOD 2000 中，MKZ（改进 Konder-Zelasko）双曲线模型用来表达土的应力应变关系。MKZ 模型是对 Konder-Zelasko 模型的改进，Konder-Zelasko 模型中的土体初始应力应变曲线（τ 对应曲线上土体的应力，γ 对应曲线上土体的应变）表达为：

$$\tau = f\left(\gamma\right) = \frac{G_{m0}\gamma}{1 + (G_{m0}/\tau_{m0})^{*}\gamma} \tag{6-1}$$

式中：G_{m0} 为初始加载时初始割线剪切模量；τ_{m0} 为初始加载时土体的剪切强度。MKZ 模型（改进 Konder-Zelasko）补充了两个曲线拟合参数（β 和 s）来提高土的动力响应分析的精确性。

$$\tau^{*} = f^{*}\left(g\right) = \frac{G_{m0}^{*}\gamma}{1 + \beta\left(\dfrac{G_{m0}^{*}}{\tau_{m0}^{*}}\gamma\right)^{s}} \tag{6-2}$$

将 MKZ（改进 Konder-Zelasko）曲线延伸到负值域，得到相应的骨干曲线，引入 Masing 准则，可以得到土体首次加载对应的应力-应变曲线。式（6-2）中右上角的*代表归一化值。

当对土体再次加载时，利用衰减骨干曲线和 Masing 准则描述土的应力应变曲线。其中再次加载时，归一化的初始割线剪切模量 G_{mt}^{*} 用式（6-3）表示，归一化的土体强度 τ_{mt}^{*} 用式（6-4）表示。在式（6-4）中引入常数 v 提高衰减曲线的精度。将剪切模量和土体强度代入式（6-5）后利用 Masing 准则形成滞回曲线圈，其中 u^{*} 为归一化的超孔隙残余水压力。

$$G_{mt}^* = G_{m0}^* \sqrt{1 - u^*} \tag{6-3}$$

$$\tau_{mt}^* = \tau_{m0}^* \left(1 - u^*\right)^\nu \tag{6-4}$$

$$\tau^* = f^*\left(\gamma\right) = G_{mt}^* \gamma \bigg/ \left(1 + \beta\left(\frac{G_{mt}^*}{\tau_{mt}^*}|\gamma|\right)^s\right) \tag{6-5}$$

利用 Newmark-β 法（求解微分方程的数值积分方法）求解动力方程，引入黏滞阻尼使滞回阻尼在小应变范围内趋向于 0。公式（6-6）给出了系统的动力方程表达式，其中 **M**、**C** 和 **K** 分别是系统的质量矩阵、黏滞阻尼矩阵和刚度矩阵，**u**、**u̇** 和 **ü** 分别是系统相对底部的相对位移、相对速度和相对加速度。

$$\boldsymbol{M\ddot{u}} + \boldsymbol{C\dot{u}} + \boldsymbol{Ku} = f(t) \tag{6-6}$$

公式（6-7）给出了系统的黏滞阻尼表达式：

$$\boldsymbol{c} = \alpha_R \boldsymbol{m} + \beta_R \boldsymbol{k} \tag{6-7}$$

式中：α_R 和 β_R 为瑞利阻尼系数，**m** 和 **k** 分别为单元的质量矩阵和刚度矩阵。

6.1.4　场地的屈服加速度计算

为计算场地对应的屈服加速度，即场地的最小安全系数为 1.0 对应的水平拟加速度，采用极限平衡分析法并根据 Morgenstern-Price 法[138]进行极限平衡分析。在极限平衡分析中，输入土体的单位容重、内摩擦角和黏聚力。对于液化土层，设置土体的不排水残余剪切强度，利用 Idriss 和 Boulanger 提出的土体残余剪切强度计算公式[115][公式（5-1）和公式（5-2）]，根据液化土的标贯值和上覆有效应力，求土体的残余剪切强度。

6.2　液化侧移实例分析

本节选用 5 个液化侧移实例并根据本章提出的算法进行计算，根据相关文献建立一维场地剖面估计土体参数，根据相关经验曲线对各层土设置模量衰减曲线和阻尼比曲线选取 NGA-West 2[121]数据库中的地震波。当存在地下记录的地震波时，直接加载至一维模型的对应深度，D-MOD 2000 可直接对地震输入进行反卷积分析，因此本章不再涉及反卷积分析。

本章的实例与第 5 章的实例一致，故不再具体介绍，仅对分析中采用的地震波、土体参数、极限平衡分析得到的屈服加速度及根据本章计算方法得到的液化侧移进行分析。

6.2.1　Wynne Avenue 液化侧移实例

1994 年发生在美国洛杉矶地区的 Northridge 地震[134]，其矩震级 $M_w = 6.7$，场地的地面峰值加速度为 0.51g，在 Wynne Avennue 观测到液化侧移，侧移值为 0.15 m。Wynne Avenue 的地层条件和地下水位见第 5.1 节。表 6-1 中列出了土体的参数、土体对应的模量衰减曲线和阻尼比曲线，根据土体的性质不同，在表中列出两个不同的土层 C 和其对应的参数，土体的模量衰减曲线和阻尼比曲线根据 Darendeli 提出的双曲线模型[155]设置。表中 PI 是塑性指数（Plasticity index），atm 为标准大气压（代表不同的上覆应力水平）。

在 PEER Ground Motion[121]数据库中选取两条地震波作为动力输入，图 6-2 所示为加速度时程曲线，分别记为 CNP-106、CNP-196，将两条地震波对应的峰值加速度放大至 0.51g。两条地震波由 Canoga Park-Topanga Can 处的强震台站记录，该台站处于单层建筑中，场地条件为硬土[140]（Firm Soil），对应场地的剪切波速为 $v_{s,30} = 267.49$ m/s。在两条地震波作用下，场地的土层 C1 发生液化，液化时间分别为 6.16 s、6.64 s。

只保留液化时间后的时程曲线作为侧移计算输入。场地可液化土的剪切强度根据纯净砂标准贯入值计算确定，$(N_1)_{60} = 11.6$，土层 C1 对应的上覆土有效应力为 124.3 kPa，由式（5-2）得到可液化土体残余剪切强度为 22.8 kPa，对非液化土则采用表 6-1 中的参数。根据图 5-2 建立极限平衡分析模型，由极限平衡法计算场地的屈服加速度，如图 6-3 所示，得到屈服加速度为 0.15g。

计算求得场地的屈服加速度和液化时间后，计算该场地侧移，每条地震波可以求得正向和反向位移，表 6-2 列出了计算所得侧移和现场记录侧移。由表 6-2 可知，应用本章所提出的计算方法所得到的场地侧移与实测值较为接近。

表 6-1　非线性响应分析土体参数

土层	单位容重 / (kN/m³)	厚度 /m	剪切波速/ (m/s)	初始剪切模量/MPa	模量衰减曲线	阻尼比曲线
土层 A	19.7	2.3	140	39.3	PI = 0, 0.4 atm	PI = 0, 0.4 atm
土层 B	20.0	3.2	89	16.1	PI = 15, 0.77 atm	PI = 15, 0.77 atm
土层 C1	23.8	2.2	170	71.0	PI = 0, 0.88 atm	PI = 0, 0.88 atm
土层 C	21.0	2.7	242	125	PI = 0, 1.18 atm	PI = 0, 1.18 atm
土层 C2	22.5	0.8	201	92.7	PI = 0, 1.48 atm	PI = 0, 1.48 atm
土层 C	21.0	3.8	166	59.0	PI = 0, 1.58 atm	PI = 0, 1.58 atm
土层 D	22.0	2.0	305	209	PI = 0, 2.0 atm	PI = 0, 2.0 atm

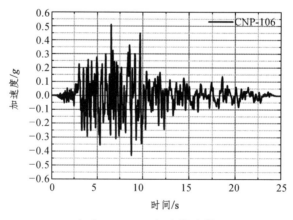

（a）CNP-106 加速度时程

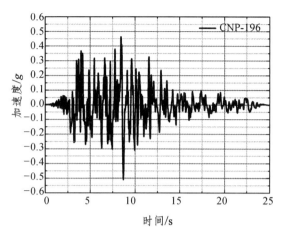

（b）CNP-196 加速度时程

图 6-2　模型底部的加载地震波

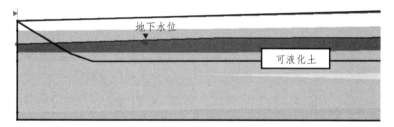

图 6-3　Wynne Street 屈服加速度计算

表 6-2　计算结果

地震波	正向位移/m	反向位移/m	平均值/m	记录侧移值/m
CNP-106	0.24	0.20	0.23	0.15
CNP-196	0.15	0.01	0.08	—

6.2.2　Monterey Bay Aquarium Research Institute 液化侧移实例

在 1989 年的 Loma Prieta 地震中，在 MossLanding 地区观测到较多的液化侧移，该地震的矩震级为 $M_w = 7.0$[129]，该地区的地面峰值加速度为 $0.25g$。靠近 Monterey Bay Aquarium Research Institute 4 号楼处, 在 Sandholdt 路设置的测斜仪测量得到地震液化侧移，其中测斜仪 SI-2[129]测得的液化侧移为 0.28 m。本节根据 SI-2 对应的剖面进行分析。

如图 6-4 所示，地表下土层分布如下：① 4.6 m 厚的砂土层夹黏质粉土；② 1.4 m 厚的粉质黏土；③ 4.1 m 厚的密砂。根据图 5-3，该场地下还存在一土层：11 m 厚的粉质黏土，其中第一层粉质黏土厚度为 3.2 m，第二层粉质黏土厚度为 7.8 m。地表下的砂土层是可液化土，表 6-3 给出了土体参数：砂土层夹黏质粉土的模量衰减曲线和阻尼比曲线根据 Darendeli 模型[155]确定；位于地下 4.56 m 和 10.1 m 的黏质粉土和粉质黏土采用 Vucetic 和 Dobry[154]提出的模量衰减曲线和阻尼比曲线模型；位于 10.1 m 下的砂土采用 EPRI[156]中的模量衰减曲线和阻尼比曲线；表中 PI 是塑性指数（Plasticity index），atm 为标准大气压（代表不同的上覆应力水平）。

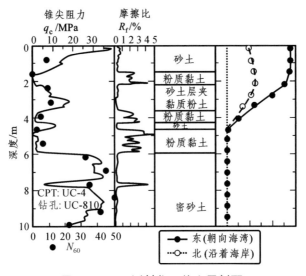

图 6-4 SI-2 测斜仪下的土层剖面

在 PEER Ground Motion 数据库[121]中选取两条地震波作为输入，如图 6-5 所示，将两条地震波对应的峰值加速度放大至 0.25g，分别记为 MCH-000、MCH-090。由 Monterey city hall 处的强震台站记录。该台站处于一个两层建筑物的一楼，场地条件为弱岩石[140]（Weak rock），对应场地的剪切波速为 $v_{s,30}$ = 638.63 m/s。在两条地震波作用下，场地的夹黏土层砂土发生液化，场地的液化时间分别为 16.78 s、18.72 s。

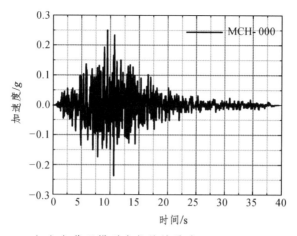

（a）加载至模型底部的地震波：MCH-000

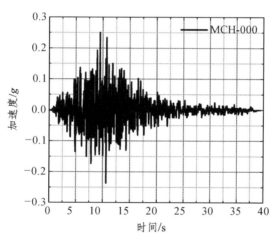

（b）加载至模型底部的地震波：MCH-090

图 6-5 加载至模型底部的地震波

　　只保留液化时间后的时程曲线作为侧移计算输入。为获得液化后场地的屈服加速度，根据文献[115]确定残余剪切强度的方法，得到可液化土体残余剪切强度为 6.3 kPa。对非液化土则采用表 6-3 中的参数，根据图 5-3 建立极限平衡分析模型，其中土层分布与图 5-3 一致，由极限平衡法计算场地的屈服加速度如图 6-6 所示，得到屈服加速度为 0.007g。

　　计算求得场地的屈服加速度和液化时间后，计算该场地侧移，每条地震波可以求得正向和反向位移，表 6-4 列出了计算所得侧移和现场记录侧移。由表 6-4 的计算结果可知，本章提出的计算方法所得到的场地侧移与实测值对比偏小。

表 6-3　非线性响应分析土体参数

土层	单位容重/（kN/m³）	厚度/m	剪切波速/（m/s）	初始剪切模量/MPa	模量衰减曲线	阻尼比曲线
砂土层夹黏质粉土	16.0	4.56	218.0	77	PI = 0, 0.25 atm [155]	PI = 0, 0.25 atm [155]
黏质粉土	17.0	1.40	158.0	43.5	PI = 15[154]	PI = 15[154]
密砂土	18.0	4.14	218.0	87.1	无黏性土[156]	无黏性土[156]
粉质黏土	17.0	3.20	138.0	33.3	PI = 30[154]	PI = 30[154]
粉质黏土	18.0	7.80	238.0	100.4	PI = 30[154]	PI = 30[154]

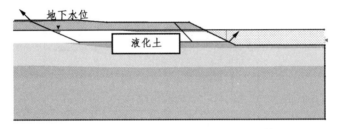

图 6-6　MBARI 4 号楼屈服加速度计算

表 6-4　计算结果

地震波	正向位移/m	反向位移/m	平均值/m	记录侧移值/m
MCH-000	0.17	0.16	0.17	0.28
MCH-090	0.18	0.17	0.18	—

6.2.3　Chi-Chi 液化侧移实例

1999 年 9 月 21 日，我国台湾中部南投县发生 7.6 级的集集（Chi-Chi）地震[135]。该地震为逆断层型地震，地面峰值加速度为 0.81g，在雾峰观察到液化引发的喷水冒砂，并造成大量地表开裂。本节对雾峰乡某场地液化引起的侧移进行分析,其地层剖面见图 2-16,场地向河流方向产生了 1.62 m 的侧移。表 6-5 给出了分析中的土体参数:单位容重、土体厚度、剪切波速、初始剪切模量、模量衰减曲线和阻尼比曲线。根据 EPRI[156] 模型设置填土以及砂砾土的模量衰减曲线和阻尼比曲线,根据 Seed 模型[272] 设置松散—中密粉质砂土的模量衰减曲线和阻尼比曲线。

表 6-5 非线性响应分析土体参数

土层	单位容重 /(kN/m³)	厚度 /m	剪切波速 /(m/s)	初始剪切模量/MPa	模量衰减曲线	阻尼比曲线
填土	20.1	1.0	211	94	(0~6 m)有一定埋深的无黏性土[156]	有一定埋深的无黏性土[156]
粉质砂土-1	20.2	2.0	144	58.6	砂土平均曲线[272]	砂土平均曲线[272]
粉质砂土-2	20.2	1.5	215	94	砂土下界曲线[272]	砂土下界曲线[272]
砂砾土	20.1	15.0	312	197	(15~36 m)有一定埋深的无黏性土[156]	(15~36 m)有一定埋深的无黏性土[156]

将两条由场地附近强震台记录[121]的地震波进行滤波和基线调整处理后,得到场地输入,将两条地震波分别编号为 TCU-650e 和 TCU-650n,用于场地分析计算,见图 6-7。TCU-65e 和 TCU-650n 由 PEER Strong Ground motion 数据库中获得,该台站距离液化侧移的距离小于 1 km,台站所在场地分类为硬土[140](Firm soil),对应的剪切波速 $v_{s,30}$ = 305.85 m/s。在两条地震波作用下,场地的粉质砂土发生液化,场地的液化时间分别为 33.12 s、28.43 s。

只保留液化时间后的时程曲线作为侧移计算输入。为了获得液化后场地的屈服加速度,根据文献[115]确定残余剪切强度的方法,可液化土体残余剪切强度为 8.2 kPa。对非液化土则采用表 6-5 中的参数,根据图 2-16 建立极限平衡模型,且其中土层分布与图 2-16 一致,由极限平衡法计算场地的屈服加速度,如图 6-8 所示,得到屈服加速度为 0.075g。

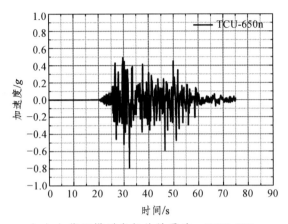

（a）加载至模型底部的地震波：TCU-650n

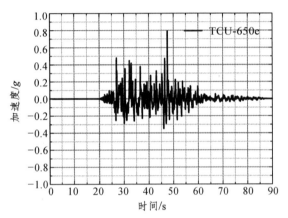

（b）加载至模型底部的地震波：TCU-650e

图 6-7　加载至模型底部的地震波

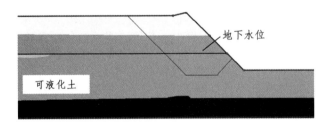

图 6-8　雾峰场地屈服加速度计算

　　计算求得场地的屈服加速度和液化时间后，利用本章提出的算法计算该场地侧移，每条地震波可以求得正向和反向的位移，表 6-6 列出了计算所得侧移和现场记录侧移值。由表可知，应用本章所提出的计算方法所得到的场地侧移与实测值对比偏大。

表 6-6　计算结果

地震波	正向位移/m	反向位移/m	平均值/m	记录侧移值/m
TCU-650e	1.70	1.81	1.76	1.62
TCU-650n	1.90	1.76	1.83	—

6.2.4　Port Island 液化侧移实例

1995 年 Kobe 地震对该地区造成重大损失，其地面峰值加速度为 PGA = 0.34g[273]。该地震的矩震级为 M_w = 6.9[209]。根据相关文献，在 Port Island 附近观察到液化，其中 Port Island 的挡墙在地震中倾覆破坏。

本节对 Port Island 的一个典型挡墙进行分析。Port Island 的地质剖面图如图 5-5[205]所示，表 6-7 给出了非线性响应分析中所使用的参数：单位容重、土层厚度、剪切波速、剪切模量、模量衰减曲线、阻尼比曲线。场地中的砂砾层采用 Seed 模型描述其模量衰减曲线和阻尼比曲线[274]，其他土层使用 Darendeli 模型[155]描述其模量衰减曲线和阻尼比曲线。表中 PI 是塑性指数（Plasticity index），atm 为标准大气压（代表不同的上覆应力水平）。

表 6-7　非线性响应分析土体参数

土层	单位容重 /（kN/m³）	厚度 /m	剪切波速 /（m/s）	初始剪切 模量/MPa	模量衰减曲线	阻尼比曲线
砂砾土 （填土）	21.8	19.0	187	77.8	砾石[274]	砾石[274]
冲积黏土	23.1	8.0	180	76.5	PI =20, 3.27 atm[155]	PI =20, 3.27 atm[155]
冲积砂土	18.0	10.0	245	110	PI =0, 4.0 atm[155]	PI =0, 4.0 atm[155]
冲积 砂砾土	18.0	23.0	325	194	PI =0, 6.95 atm[155]	PI =0, 6.95 atm[155]
洪积黏土	20.0	18.0	303	187	PI =0, 9.0 atm[155]	PI =0, 9.0 atm[155]

由于在地表下的台站记录有地震波，如图 6-9 所示，本节采用 PRI-000 地震波作为非线性场地响应的输入地震波，并加载至对应深度，PRI 的峰值加速度为 PGA = 0.346g，该地震波位于地表下 83 m。台站所处的场地为硬土[140]（Firm soil），其剪切波速为 $v_{s,30}$ = 198 m/s。

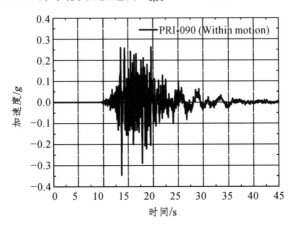

图 6-9　位于地下 83 m 处的地震输入波：PRI-000

在地震波作用下，场地的砂砾土发生液化，场地的液化时间为 16.6 s。根据场地液化时间，只保留液化时间后的时程曲线，作为侧移计算输入。为了获得液化后场地的屈服加速度，根据文献[115]确定残余剪切强度的方法，可液化土体残余剪切强度为 17.0 kPa，对非液化土则采用表 6-7 中的参数，根据图 5-5 计算场地的屈服加速度，土层分布与图 5-5 一致，由极限平衡法计算场地的屈服加速度，如图 6-10 所示，得到屈服加速度为 0.04g。

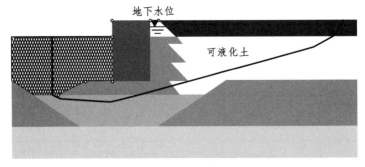

图 6-10　Port Island 屈服加速度计算

计算求得场地的屈服加速度和液化时间后，计算该场地侧移，每条地震波可以求得正向和反向的位移，表 6-8 列出了计算侧移值和现场记录侧移。由表中计算结果知，应用本章所提出的计算方法所得到的场地侧移与实测值对比偏小。

表 6-8　计算结果

地震波	正向位移/m	反向位移/m	平均值/m	记录侧移值/m
PRI-090	1.73	1.11	1.42	1.62

6.2.5　Wildlife Site 液化侧移实例

1987 年的 Superstition Hills 造成了美国加利福尼亚州的 Wildlife Site 的液化侧移，该场地的液化侧移值为 0.18 m。该地震的矩震级为 $M_w = 6.5$，其场地对应的地表峰值加速度为 $0.21g$[126]。根据图 5-6（a）中的场地剖面进行非线性场地响应分析。表 6-9 给出了非线性场地响应分析时所需要的单位容重、剪切波速、土体的剪切模量以及每层土对应的模量衰减曲线和阻尼比曲线。其中土层 A、土层 B1 以及土层 B2 根据 Seed 和 Idriss 的经验模型[272]设置模量衰减曲线和阻尼比曲线，土层 C 根据 Vucetic 和 Dobry 的经验模型[154]设置模量衰减曲线和阻尼比曲线。

表 6-9　非线性响应分析土体参数

土层	单位容重/（kN/m³）	厚度/m	剪切波速/（m/s）	初始剪切模量/MPa	模量衰减曲线	阻尼比曲线
土层 A（粉土）	19.4	2.5	90	16.171	砂土下界曲线[272]	砂土下界曲线[272]
土层 B1（粉质砂土）	19.4	1.0	110	24.174	砂土下界曲线[272]	砂土下界曲线[272]
土层 B2（粉质砂土）	19.4	2.7	120	28.780	砂土下界曲线[272]	砂土下界曲线[272]
土层 C（粉质黏土）	19.4	5.8	180	64.756	PI = 30 [154]	PI = 30 [154]

采用 IVW-090 作为地震输入，该地震波由位于地下的 SM1 强震台站记录，位于粉砂土层下，IVW-090 对应的峰值加速度 PGA = 0.106g，该地震

波加载至对应土层下（地表下 7.5 m），如图 6-11 所示。

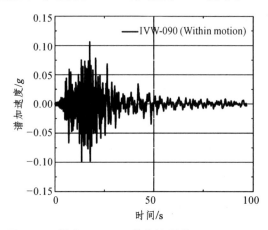

图 6-11　地表下 7.5 m 处的地震输入：IVW-090

在地震波作用下，场地的 B1 和 B2 层土发生液化，B2 层对应的液化时间为 22.94 s。只保留液化时间后的时程曲线作为侧移计算输入。为了获得液化后场地的屈服加速度，根据 Makdisi[51]提供的场地典型二维剖面计算屈服加速度，根据文献[275]确定残余剪切强度的方法，可液化土体残余剪切强度为 6.76 kPa。对非液化土则采用表 6-9 中的参数，根据图 5-6（c）计算场地的屈服加速度，土层分布与图 5-6（c）一致，由极限平衡法计算场地的屈服加速度，如图 6-12 所示，得到屈服加速度为 0.03g。

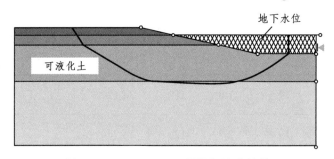

图 6-12　Wildlife Site 屈服加速度计算

计算求得场地的屈服加速度和液化时间后，计算场地液化侧移，每条地震波可以求得正向和反向的位移，表 6-10 列出了计算侧移和现场记录值。由表 6-10 可知，应用本章所提出的计算方法所得到的场地侧移与实测值对比偏小。

表 6-10　计算结果

地震波	正向位移/m	反向位移/m	平均值/m	记录侧移值/m
IVW-090	0.02	0.01	0.02	0.18

6.3　计算结果对比

表 6-11 列出了本章基于非线性场地响应分析的液化侧移的平均值（记为一维非线性分析法）及现场测量值，同时也列出了根据 Newmark 滑块法（记为 Newmark 滑块法），根据 Newmark 滑块法、采用地表加速度并考虑液化时间（记为混合分析-1）和液化土下的地震波并考虑液化时间分析的液化侧移值（记为混合分析-2），根据 PM4sand 砂土液化模型的有限差分法（完全分析法）。

不同的场地的液化侧移值有所不同，对于 Port Island 实例，5 种方法得到的液化侧移值均小于场地测量值，但采用 Newmark 滑块法得到的液化侧移值最接近 Port Island 的实测值。对于 Wildlife 实例，采用 Newmark 滑块法最接近场地实测值，但采用本章算法得到的侧移值最小，为 0.02m。根据本章的算法求得的 Moss Landing 实例的侧移值在 5 种计算方法中侧移值最小，且小于现场实测值。对于 Chi-Chi 实例，根据混合分析法-2 求得的液化侧移值最大，且 5 种方法得到的层侧移预测值均大于现场实测值。对于 Wynne Avenue 实例，本章提出的液化侧移计算值与实测值相等。

表 6-11　液化侧移的计算值和现场测量值

液化侧移	Newmark 滑块法/m	混合分析法-1/m	混合分析法-2/m	完全分析法/m	一维非线性分析法/m	现场测量值/m
Wynne Avenue 实例	0.20	0.16	0.26	0.12	0.15	0.15
Moss landing 实例	0.85	0.67	1.78	1.09	0.17	0.28
Chi-Chi 实例	3.74	3.40	7.12	6.39	1.79	1.62
Port Island 实例	2.07	0.77	0.21	1.11	1.42	2.80
Wildlife 实例	0.18	0.09	0.25	0.32	0.02	0.18

6.4 液化侧移计算方法在工程计算中的应用

本节结合第 2 章至第 6 章提出的液化侧移计算方法，给出液化侧移工程计算的一般步骤为：

（1）在对场地进行详细地勘后，根据已有的现场资料对场地进行液化评价，依据相关规范，判断场地是否会发生液化：可根据标贯法、静力触探法、剪切波速法和基于循环应力比和循环抗力比的安全系数法对场地进行液化判别。

（2）若第（1）步中判定场地发生液化，则绘制场地的地层剖面图，计算场地中液化土的标贯值，根据细粒含量对液化土的标贯值进行修正，确定非液化土的相关静力参数、场地的地下水位等。

（3）确定液化侧移计算所需地震波，根据地震动衰减模型选取地震输入，或根据场地的设计反应谱选取人造波和其他满足要求的地震波。尽可能选取基岩地震波，在无基岩地震波的情况下，对地震波进行反卷积分析获得相应的地震输入。

（4）选择液化侧移计算方法对场地进行侧移计算：当钻孔资料有限时，优先选择一维计算方法或者基于 Newmark 滑块法和液化土残余强度的计算方法对场地进行液化侧移计算；当场地钻孔资料丰富，且土层剖面图较为详细时，选用第 5 章提出的基于场地液化特性的液化侧移计算方法和第 4 章中的基于砂土液化本构模型的数值计算方法。

（5）尽可能采用多种计算方法对场地液化侧移值进行计算，将液化侧移计算值与场地允许动力位移值进行对比，进一步判断场地或场地上的建筑物是否需要进行加固。

6.5 本章小结

本章提出基于非线性分析的方法计算液化侧移，采用 D-MOD 2000 中的砂土和黏土的非线性应力-应变关系描述土体的动力响应，根据相应的孔压模型确定孔隙水压力参数，预测场地的液化时间，最后根据 Newmark 滑块法和液化层下的地震波并考虑地震液化时间计算液化侧移。根据 Idriss 和 Boulanger 的液化土残余剪切强度计算式计算液化土的残余剪切强度，并通过 Morgenstern-Price 极限平衡分析法计算场地的屈服加速度。

为确定算法的适用性，选用 5 个砂土液化侧移实例进行比较研究，计算每个实例的液化侧移值。根据相关文献确定每个实例的场地剖面，根据土体的分类确定土体参数、动力曲线，从 NGA-West 2 中获得地震输入，利用自由场和地下台站地震输入，计算场地对应的液化时间。

（1）经对比，根据本章提出的液化侧移计算方法可得到较为合理的液化侧移计算值，在 5 个液化侧移实例中，Wynne Avenue 场地使用本章算法得到的液化侧移与场地实测值相等，而 Wildlife 实例中的液化侧移值较实测值小，且在 5 种计算方法中所得侧移值最小。

（2）液化侧移的计算取决于多种因素，如场地地勘、地下水位、土体的剪切波速、黏性土的塑性指数、砂土的细粒含量、可液化土的标贯值、土体的动力曲线等，场地的地震波输入和地震动特征也会影响液化侧移的准确性。由于本章提出的有效应力分析方法仅需要一维场地剖面，且地震波输入能够作为基岩地震波，而 MKZ 模型（改进的 Konder-Zelasko）能够有效模拟土体的动力响应，因此基于 D-MOD 2000 的一维非线性侧移算法能够被用于工程实践中，且作为液化侧移值的最小值。

第 **7** 章

液化侧移计算方法对侧移
计算结果的影响研究

7.1 问题的提出

在液化侧移分析中，主要采用经验公式法、数值计算法和 Newmark 滑块法开展计算。其中：经验公式法的计算结果取决于场地参数的选取，但该类方法未能考虑液化侧移机理和地震作用下的场地动力响应。选用不同的本构模型，数值计算方法可以模拟土体的非线性动力特性、孔压变化及场地的液化后大变形等，但其计算的准确性依赖于本构模型。Newmark 滑块法是指根据 Newmark 滑块法或改进 Newmark 滑块法计算液化侧移。鉴于不同液化侧移计算方法的特点，有必要针对不同的侧移计算方法，从原理上分析液化侧移方法及数值计算法中本构模型对液化侧移计算结果的影响。本书未涉及经验公式法计算液化侧移，因此本章主要对数值计算法和 Newmark 滑块法进行对比研究，并根据美国 Wildlife Site 典型液化侧移场地（以下简称 WLA 场地）分析数值计算法中的不同本构模型对液化侧移计算结果的影响。

7.2 不同计算方法的原理对比

根据第 5 章的研究成果，在计算液化侧移时，数值计算法和 Newmark 滑块法对砂土液化后的变形假设存在本质的区别。

当采用 PM4sand 液化模型（二维模型）进行液化侧移数值计算时，主要依据连续介质力学方法进行计算，在循环荷载作用下液化土的应力应变曲线如图 7-1 所示[195]，而图 7-2 给出了集集（Chi-Chi）实例中液化单元体最大剪切应变与时间的变化关系。

在图 7-1 中，应力应变曲线首先反映了土体液化引起的强度软化，随后是由剪胀作用引起的强度硬化。图中的粗虚线分别表示了在荷载作用下，液化初始时对应的应力应变点，随后土体强度表现为残余剪切强度，之后应力应变曲线分别对应强度卸载(stiff unloading)和软化加载(soft loading)，采用 PM4sand 本构模型（二维分析）计算液化侧移时，数值计算方法能模拟正反两个方向上土体的剪切应变累积，并得到由初始剪切应力控制的永久累计位移，对应值即为缓坡或临空面两种情况下的永久位移。

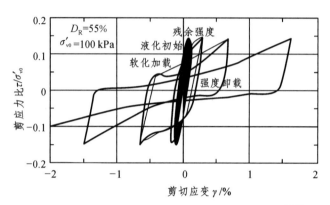

图 7-1 循环荷载作用下液化土的应力应变曲线[195]

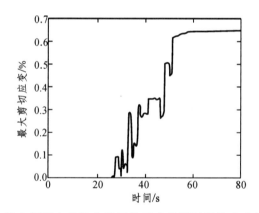

图 7-2 液化侧移中的液化单元体对应的随时间的应变累积关系

本书研究中所采用的 Newmark 滑块法，假设液化侧移仅在一个方向上产生积累，因此液化土对应产生的滑动面及其残余剪切强度将影响液化侧移的计算结果。

图 7-3 给出了 Newmark 滑块法的滑块黏-滑运动模型。在利用 Newmark 滑块法计算液化侧移时，滑块运动假定为是黏滑模式，在此基础上，滑动面与液化深度相对应，上覆土在离散的滑动面上滑动并产生位移。

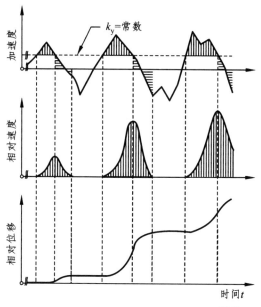

图 7-3　Newmark 滑块法的黏滑运动[276]

对场地进行极限平衡分析，液化土的强度取残余剪切强度，与极限平衡分析中安全系数为 1.0 对应的动力系数（地震系数）为场地的屈服加速度。当上覆土的平均加速度（主要指在地震作用下，作用在液化土上的剪应力与液化土上覆应力之比）大于利用极限平衡分析得到的场地屈服加速度时，上覆土体开始运动。由于液化土的平均加速度与屈服加速度存在差值，系统相对加速度等于这两者的差值，上覆土体沿着滑动面滑动并累计位移。当上覆土体对应的屈服加速度乘以上覆总应力的值大于地震剪应力时，上覆土体即开始减速，两者相对运动为 0，此时为黏接状态。

7.3　WLA 液化台阵场地

本章对 WLA 液化台阵场地进行简要介绍，该场地具体的地层参数详见第 5.3.5 节。WLA 液化台阵（Wildlife Site Array）由美国地质调查局建立，位于美国加利福尼亚州南部的阿拉莫河冲积平原上。该液化台阵记录了 1987 年 Superstition Hills 地震时液化土层下的加速度时程曲线和不同位置的孔压曲线，该场地朝阿拉莫河方向发生了 0.18 m 的侧移。

7.4　数值计算法中不同本构模型对计算结果的影响

应用数值计算法，选取 MKZ[268]、PM4sand[195] 及 UBC3D-PLM[181] 三种本构模型，对 WLA 场地的液化侧移进行计算，分析不同本构模型对液化侧移计算的影响，由于 PM4sand 模型[195] 和 MKZ[268] 已分别在第 5 章和第 6 章中介绍过，本章仅补充 UBC3D-PLM 模型[181]。

7.4.1　UBC-PLM 砂土液化模型[181]

UBC3D-PLM[181] 砂土液化模型基于 UBCSAND 的弹塑性模型开发的，主要用来模拟砂土、粉砂土等可液化土动力特性，属于有效应力模型。UBCSAND 是基于 Duncan-Chang 准则，且具有双曲线形式的应变硬化规则的二维塑性模型，而 UBC3D-PLM 模型[181] 是 UBCSAND 的三维形式，包含三维主应力空间中第一次加载时的莫尔-库仑屈服面和第二次加载时具有运动硬化规律的屈服面。该模型基于 Drucker-Prager 准则，在偏平面中采用非关联塑性势函数，流动法则基于修正应力剪胀理论。

根据 PLAXIS-3D 的操作手册[181]，UBC3D-PLM 模型的主要输入参数可根据现场试验和室内试验确定，如原位试验、循环三轴试验、循环直单剪试验和共振柱试验等。限于现场试验和室内试验的局限性，在计算中部分参数可直接根据液化土的静力触探（SPT）或动力触探值（CPT）来确定。

公式（7-1）~公式（7-3）给出由 SPT 值 $(N_1)_{60}$ 求得的刚度参数 k_B^{*e}、k_G^{*e} 和 k_G^{*p}，其中 k_B^{*e} 为弹性体积模量，k_G^{*e} 为弹性剪切模量，k_G^{*p} 为塑性剪切模量。

$$k_B^{*e} = 0.7 k_G^{*e} \tag{7-1}$$

$$k_G^{*e} = 434.0 (N_1)_{60}^{0.3333} \tag{7-2}$$

$$k_G^{*p} = 0.003 k_G^{*e} (N_1)_{60}^2 + 100 \tag{7-3}$$

UBC3D-PLM 模型[181] 包含刚度参数 m_e、n_e 和 n_p，m_e 为与应力相关的

弹性体积模量指标，n_e 为与应力相关的弹性剪切模量指标，n_p 为与应力相关的塑性剪切模量指标。m_e、n_e 的建议值为 0.5，n_p 的建议值为 0.5。

UBC3D-PLM 模型[181]包括参考压力 p_{ref} (kPa)，对应为标准大气压。UBC3D-PLM 模型[181]中的强度参数包括常数体积内摩擦角 φ_{cv}（the constant volume friction angle）(°)、峰值摩擦角 φ_p (°)、黏聚力 c (kPa) 和抗拉强度（tension cut-off）σ_t (kPa)。黏聚力 c 可以由排水三轴试验或直剪试验获得，在模型中取值为 0。峰值摩擦角 φ_p 由公式 7-4 表示，其中 $(N_1)_{60}$ 是液化土的 SPT 值。

$$\varphi_p = \varphi_{cv} + \frac{(N_1)_{60}}{10} + \max\left(0, \frac{(N_1)_{60} - 15}{5}\right) \tag{7-4}$$

UBC3D-PLM 模型[181]包含的高级参数有：f_{dens} 致密因子（densification factor），默认值为 1.0；失效率 R_f，建议默认值为 0.2 ~ 1.0；液化后性能调整参数 f_{Epost}，建议默认值为 0.9。

7.4.2　计算模型及参数

图 7-4 给出了二维计算（液化土采用 PM4sand 本构模型[195]）的计算模型。在计算中，首先设置所有土层为莫尔-库仑模型，生成初始应力场并设置大变形计算模式，设置水位线、各层土的孔隙率和渗透率进行渗流计算并生成初始孔压，当系统达到初始平衡后再进行动力计算。边界条件如下：在模型底部固定 X 和 Y 方向，在两侧的边界固定 X 方向，采用自由场边界避免边界处的运动反射和土层间的反射。在模型底部采用静止边界（黏性边界）来吸收动荷载引起的应力增量。

图 7-5 给出了三维计算时（液化土采用 UBC3D-PLM 本构模型[181]，注意：尽管在计算中对场地进行了三维建模，但由于液化侧移场地的特点，该模型实质为场地二维剖面在三维方向的拉伸，仅可近似认为是三维模型）采用的模型。根据 K0 创建初始应力后进行动态分析。在初始应力生成阶段，将不可液化的土层设置为 HSS（小应变硬化）模型，在不排水条件下生成孔隙水压力。在动力分析中，将可液化土层设置为 UBC3D-PLM 模型。边

界条件如下：静力分析时，在底部固定 X、Y 和 Z 方向，在侧向边界固定 X 和 Y 方向；动力分析时，在 X、Y 方向上设置自由场边界，在底部（Z 方向边界）设置合成边界（Compliant boundary）。

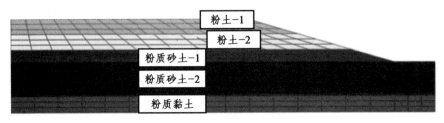

图 7-4　二维计算模型

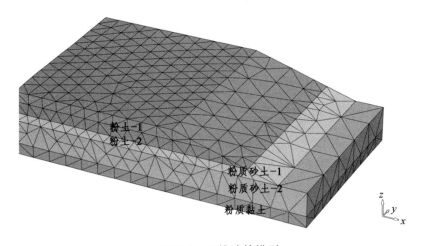

图 7-5　三维计算模型

表 7-1、表 7-2 分别给出了使用一维（液化土采用 MKZ 本构模型）和三维本构模型（液化土采用 UBC3D-PLM 本构模型）时的计算参数，表 7-2 中除了 UBC3D-PLM 所需输入参数外，还给出了土体的基本参数杨氏模量 E_{ref} (kN/m²)、泊松比 ν、不饱和容重 γ_{usta} (kN/m³)、饱和容重 γ_{sta} (kN/m³)、孔隙比 e、渗透系数 k (m/s)、固结仪切线刚度 E_{oed}^{ref} (kPa) 和剪胀角 ψ (°)。使用二维本构模型（液化土采用 PM4sand 本构模型）时的计算参数及 WLA 场地参数详见本书第 5.3.5 节，此处不再重复。

表 7-1　一维分析中的土体参数（液化土采用 MKZ 本构模型）

土层	层厚 /m	饱和重度 /(kN/m³)	剪切波速 /(m/s)	初始剪切模量 /kPa	参考应变下的剪应力/kPa	曲线拟合参数 β	曲线拟合参数 s	曲线拟合参数 ν(控制饱和砂土的循环衰减)
粉土	2.5	19.6	90	16 171.0	7.92	1.99	0.81	1.0
粉质砂土-1	1.0	19.6	110	24 173.8	30.94	4.34	0.81	1.0
粉质砂土-2	2.7	19.6	110	24 183.6	39.42	5.28	0.81	1.0
粉质黏土	1.3	19.6	180	64 756.1	103.61	1.17	0.81	0.0

表 7-2　三维分析中的土体参数（液化土采用 UBC3D-PLM 本构模型）

土层	粉质砂土-1	粉质砂土-2
层厚/m	1.0	2.7
杨氏模量 E_{ref}/MPa	72.8	72.8
泊松比 ν	0.3	0.3
不饱和容重 γ_{usta}/(kN/m³)	19.7	19.7
饱和容重 γ_{sta}/(kN/m³)	21.8	21.8
孔隙比 e	0.74	0.74
常数体积摩擦角 φ_{cv}/(°)	22.0	22.0
峰值摩擦角 φ_p	22.8	23.1
黏聚力 c/kPa	0	0
弹性剪切模量 k_G^{*e}	864.6	954.1
塑性剪切模量 k_G^{*p}	250.0	424.7
弹性体积模量 k_B^{*e}	598.2	667.9
弹性剪切模量指标 n_e	0.5	0.5
塑性剪切模量指标 n_p	0.5	0.5

续表

土层	粉质砂土-1	粉质砂土-2
弹性体积模量指标 m_e	0.5	0.5
破坏比 R_f	0.811	0.771
大气压 P_{ref}/kPa	100	100
抗拉强度 σ_t/kPa	0	0
密实系数 f_{dens}	0.45	0.45
SPT 值 $(N_1)_{60}$	7.65	10.65
液化后系数 f_{Epost}	0.2	0.2
渗透系数 k/（m/s）	5.0×10^{-7}	2.0×10^{-8}
固结仪切线刚度 E_{oed}^{ref}/kPa	98 000	98 000
剪胀角 ψ/（°）	19.0	18.0

7.4.3 计算结果分析

7.4.3.1 孔隙水压力

图 7-6 给出了不同本构模型对应的超孔隙水压比（超孔隙水压力与竖向有效应力比），记录了粉质砂土-1 超孔隙水压比的变化，并根据超孔隙水压比判断液化是否发生，得到场地的液化时间。当液化土采用 MKZ 本构模型[268]（一维分析）时，孔压比在 84s 时达到 0.95，液化发生；当液化土采用 PM4sand 本构模型[195]（二维分析）时，液化时间为 18.5 s；当液化土采用 UBC3D-PLM 本构模型[181]（三维分析）时，场地液化时间为 8.19 s。因此场地的液化时间与本构模型相关，在 MKZ 本构模型（一维分析）中，骨架曲线由与孔压增长相关的函数表示，MKZ 本构模型是基于不排水条件，由应变控制的循环剪切荷载试验得到的本构模型，因此可以认为在 84s 时，土体粉质砂土-1 达到了 0.01%的应变阈值。在 PM4sand 本构模型（二维分析）中，在循环荷载作用下孔隙水压力的变化与体积应变相关；而在 UBC3D-PLM 本构模型（三维分析）中，孔隙水压力在两个屈服面的硬化

过程中生成，而模型本身又考虑了土体的挤密作用。

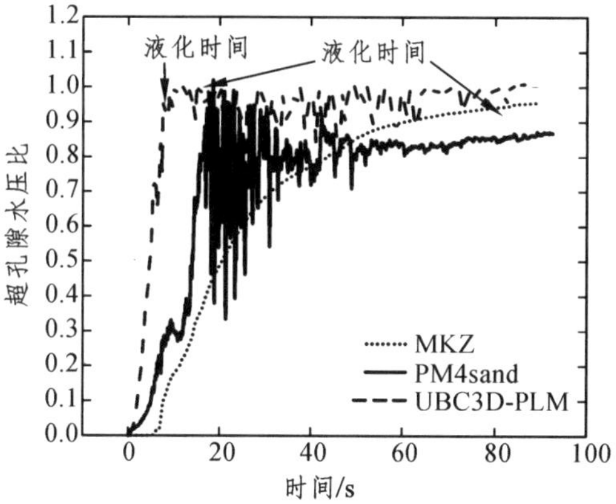

图 7-6　超孔隙水压比随着时间的变化

7.4.3.2　不同本构模型对场地响应的作用

　　本节分析不同本构模型对应的地表响应，并与地震输入对比。图 7-7 给出了液化土使用 MKZ 本构模型（一维分析）时的地表响应和地震输入，图 7-8 给出了液化土使用 PM4sand 本构模型（二维分析）时的地表响应与地震输入，图 7-9 给出了液化土使用 UBC3D-PLM 本构模型（三维分析）时的地表响应与地震输入。

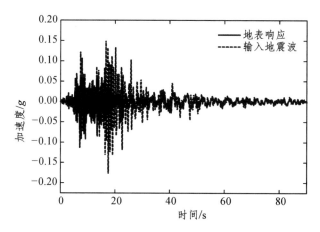

图 7-7　液化土采用 MKZ 本构模型[268]对应的地表响应

当液化土使用 MKZ 本构模型（一维分析）时，地表峰值加速度降低至 0.07g；当液化土使用 PM4sand 本构模型（二维分析）时，地表峰值加速度放大至 0.22g；当液化土采用 UBC3D-PLM 本构模型（三维分析）时，地表峰值加速度降至 0.08g。与现场记录的峰值加速度 0.18g 对比可知：在数值计算中，当液化土采用 UBC3D-PLM（三维分析）和 MKZ 本构模型（一维分析）进行液化侧移计算时，场地出现了过阻尼现象；而液化土使用 PM4sand 本构模型（二维分析）计算的地表响应峰值加速度与现场记录值较符合。

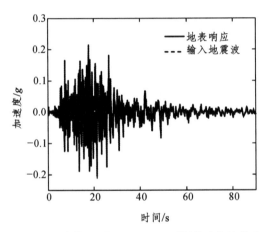

图 7-8　液化土采用 PM4sand 模型对应的地表响应

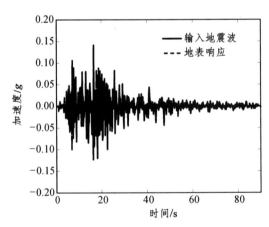

图 7-9　液化土采用 UBC3D-PLM 模型对应的地表响应

7.4.3.3　不同本构模型计算液化侧移

对比不同本构模型所得的液化侧移，图 7-10 给出了数值计算中不同本构模型对应的液化侧移随时间的变化曲线。液化土使用 MKZ 本构模型[268]（一维分析）时，模型顶部的位移仅代表了土柱顶部加速度对应的二重积分，不能直接作为液化侧移值，因此本节仅给出液化土使用 PM4sand（二维分析）和 UBC3D-PLM 本构模型（三维分析）得到的液化侧移值。由图 7-10 可知，UBC3D-PLM 模型（三维分析）对应的最终液化侧移值为 0.94 m，而 PM4sand 本构模型（二维分析）对应的最终侧移值为 0.72 m。

由图 7-10 可知，使用 UBC3D-PLM 本构模型（三维分析）时，场地对应的液化时间较 PM4sand 本构模型（二维分析）对应的液化时间早，液化过程中的土体软化会导致位移积累，因此液化时间决定了液化侧移的最终值，在使用 UBC3D-PLM 本构模型（三维分析）进行分析时得到了较大的液化侧移值。

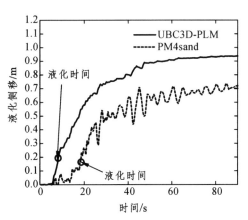

图 7-10　液化侧移值随时间的变化

对二维计算分析（采用 PM4sand 本构模型）的地表响应地震波进行反应谱分析，分别得到液化时间前对应地震波和完整地震波的谱加速度，如图 7-11 所示。由图 7-11 可知，液化时间前对应地震波的谱加速度与完整地震波的谱加速在一定周期范围内重合，由于液化时间对谱加速度的幅值变化有明显影响，液化会放大运动的低频成分，引起地震动峰值的放大，因此在场地液化后，完整地震波的谱加速度的幅值被放大。

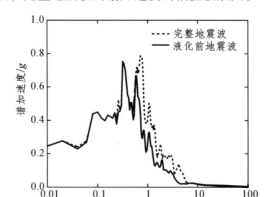

图 7-11　地表谱加速度（完整地震波与液化前地震波）

7.5　本章小结

本章首先根据第 5 章的研究成果，对比总结数值计算方法和 Newmark 滑块法计算原理的不同；其次，对美国 Wildlife Site 典型液化侧移场地（WLA 场地）进行分析，选用不同的液化砂土本构模型，利用数值计算方法对 WLA 场地进行分析，得到数值计算方法中不同本构模型对液化侧移计算的影响。

在 Newmark 滑块法分析中，液化侧移所形成的滑动面是在液化产生后形成的，因此使用 Newmark 滑块法计算液化侧移的关键是对场地液化的判定。在数值计算中，液化侧移的计算取决于场地的液化特征，而对液化影响最大的是场地的液化时间。采用不同的本构模型进行液化侧移分析时，场地的液化时间不同，因而得到的液化侧移值不同，因此数值计算中的本构模型对计算液化侧移起着决定性作用。而在 Newmark 滑块分析法中，如何考虑土体的残余剪切强度和相应的滑动面显得至关重要。

总结与结论

地震作用下的缓坡液化侧移计算方法

液化侧移的计算是岩土地震工程的关注重点之一。地震液化侧移会对场地产生震害，在抗震设计中，有必要对液化侧移的预测开展研究，提出液化侧移的有效计算方法。现有的液化侧移计算以经验公式方法和数值计算方法为主，而对基于 Newmark 滑块法和液化土残余剪切强度计算场地液化侧移的方法尚未开展系统研究，同时也缺乏能描述场地液化侧移机理和液化特征的计算方法。本书通过对侧移案例的收集整理和分析，建立了具有完整场地信息、地震输入、土层分布和土层参数的液化侧移实例库。该实例库包含23个液化侧移实例，可被用于相关液化侧移机理分析和预测中。本书根据现有液化侧移计算方法的不足，系统开展了地震作用下缓坡场地的液化侧移计算方法研究。本书的主要结论如下：

（1）根据液化侧移实例库，系统开展基于 Newmark 滑块法和液化土残余剪切强度的液化侧移计算方法研究。根据 Newmark 滑块法和液化土残余剪切强度对应的屈服加速度的计算方法原理简单、切实可行，在一定程度上反映了场地液化侧移的位移和液化土强度变化特征。根据 3 个不同的液化土残余剪切强度计算式和 Morgenstern-Price 极限平衡法计算场地的屈服加速度，选取在场地设置的台站或距场地较近的台站的地震波作为 Newmark 滑块法的输入地震波，将侧移计算值与实测侧移值进行对比分析，对计算结果进行统计分析并采用截断正态分布描述计算侧移与实测值之比。

分析结果表明：使用 Idriss 和 Boulanger 关系式求液化土残余剪切强度时，场地计算侧移比的平均值为 1.80，标准差为 1.76；使用 Kramer 和 Wang 计算式求残余剪切强度时，场地计算侧移比的平均值为 0.80，标准差为 0.74；使用 Olson 和 Johnson 计算式求液化土残余剪切强度时，场地计算侧移比的平均值为 1.96，标准差为 1.71。基于 Newmark 滑块法的计算结果并进行截断正态分布分析，采用 Olson 和 Johnson 计算式求屈服加速度，采用在场地设置的台站或距离液化场地较近的台站的地震波作为 Newmark 滑块法的输入时，计算得到的侧移值与现场观测值比大于 0.5 的概率为 97%。根据 Newmark 滑块法、Olson 和 Johnson 残余剪切强度计算式得到的侧移值可作为侧移计算的最大值。

- 154 -

（2）选取典型液化侧移场地金银岛（Treasure Island）作为研究对象，利用不同等效场地响应分析软件进行场地响应分析，建立一维等效线性模型，选用基岩地震波作为地震输入。相关分析结果表明：4 种软件计算所得的地表加速度时程曲线及对应的加速度反应谱和傅里叶幅值谱较为一致。SHAKE 2000 仍可作为主要的计算分析工具。本书应用有限差分程序，引入边界面塑性 PM4sand 模型，结合金银岛（Treasure Island）的液化侧移实例，采用基岩地震波作为地震输入，计算该场地的液化侧移值。经计算分析：基于 PM4sand 模型的液化侧移计算方法具有一定的安全储备。PM4sand 本构模型所需参数较少、物理意义明确，可根据液化土的标贯值确定输入参数。

（3）提出考虑场地液化特征的侧移计算方法并将该方法定义为混合分析方法：根据由地层剖面建立的有限差分模型和 PM4sand 本构模型计算场地的孔隙水压力和场地的液化时间，并获得液化土层下的地震波；将考虑液化时间的自由场地震输入及考虑液化时间且来自液化土层下的地震输入作为混合分析法的地震输入；确定土层的标贯值和其他参数，根据液化土残余剪切强度计算式和 Morgenstern-Price 极限平衡分析法计算场地的屈服加速度；选取 5 个液化侧移实例进行分析，定义侧移比为计算侧移值与现场实测值的比，采用有限差分法、混合分析法和 Newmark 法计算液化侧移值。分析结果表明：有限差分法对应的侧移比平均值为 2.92，对应的标准差为 2.47，该方法的侧移比最大；混合分析法中采用自由场地震波并考虑场地的液化时间得到的侧移比的平均值为 1.28，标准差为 1.00，该方法的侧移比最小。采用考虑场地液化特征的侧移计算方法能够作为液化侧移计算最小值（使用地表场地输入并考虑场地的液化时间），而根据 PM4sand 模型的有限差分法计算的液化侧移值可作为计算最大值。

（4）从场地的钻孔资料出发，提出基于一维非线性场地响应的液化侧移计算方法；采用 D-MOD 2000 中的砂土和黏土的非线性应力-应变关系描述土体的动力响应，确定相应的孔压模型参数，分析得到场地的液化时间；根据 Idriss 和 Boulanger 的液化土残余剪切强度计算式计算液化土的残余剪切强度，并通过 Morgenstern-Price 极限平衡分析法计算场地的屈服加速度；

根据 Newmark 滑块法和液化层下的地震波并考虑地震液化时间计算液化侧移。为确定该方法的适用性，选用 5 个砂土液化侧移实例进行分析，将计算结果与实测值进行对比分析。

计算结果表明：Northridge 场地的液化侧移计算值与场地实测值相等，而 Wildlife 实例中的液化侧移计算值较实测值小。整体而言，根据一维场地剖面，采用 MKZ 模型模拟土体的动力响应的一维非线性场地响应分析方法能够被用于工程实践中。

（5）从 Newmark 系统特点出发，提出根据能量法计算液化侧移，将可液化土离散为具有一定倾角的水平土条，通过受力平衡得到场地屈服加速度沿深度的分布规律，考虑 Newmark 系统中的能量转移和消散，推导场地的液化侧移计算公式，并通过室内振动台试验对计算方法进行了验证。根据室内剪切箱振动台试验结果对液化侧移机理进行分析可知，将液化侧移计算简化为 Newmark 滑块法系统是可行且合理的。

根据层状剪切箱试验对液化侧移计算能量法进行验证，计算得到的液化侧移值与试验记录值较为吻合。本书提出的计算方法能考虑不同深度的液化土层对应的屈服加速度并反映地震输入在液化场地中的能量传递特点。

（6）总结对比 Newmark 滑块法和数值计算方法的计算原理，选用 WLA 液化台阵场地，选用 MKZ（一维分析）、PM4sand（二维分析）和 UBC3D-PLM（三维分析）本构模型对 WLA 液化场地进行计算，通过分析超孔压比、地表响应和液化侧移值，给出不同本构模型在数值计算中的区别，并分析液化对地表响应谱加速度的影响。

计算结果表明：液化时间对谱加速度的幅值有明显的影响，会放大运动的低频成分，进一步引起地震动峰值的放大，而对液化侧移计算影响最大的是场地的液化时间。由于液化侧移的滑动面是在液化发生后形成，因此在数值计算中需考虑不同本构模型对计算结果的影响，而在 Newmark 滑块分析中则需考虑液化土的残余剪切强度对液化侧移的影响。

附　录

一维等效线性分析原理

在第 3 章中，图 3-2 给出了一维等效线性分析的基本假设示意图。

假设竖向传播的剪切波仅会引起水平位移 u，其表达式为：

$$u = u(x,t) \tag{1}$$

则该剪切波需满足波动方程基本方程：

$$\rho \frac{\partial^2 u}{\partial x^2} = G \frac{\partial^2 u}{\partial x^2} + 2\eta \frac{\partial^3 u}{\partial x^2 \partial t} \tag{2}$$

其中：u 为 t 时刻对应的位移；ρ、G 和 η 分别表示质量密度、弹性剪切模量及黏度。

将位移函数表达为频率为 ω 的谐波位移表达式：

$$u(x,t) = u(x,\omega)\mathrm{e}^{i\omega t} = U(x)\mathrm{e}^{i\omega t} \tag{3}$$

将谐波位移表达式代入波动方程的基本方程，可以得到常微分方程：

$$G^* \frac{\partial^2}{\partial t^2} u(x,\omega) - \rho \omega^2 u(x,\omega) = 0 \tag{4}$$

该方程的统一解为：

$$U(x) = E\mathrm{e}^{ikx} + F\mathrm{e}^{-ikx} \tag{5}$$

其中：

$$k^2 = \frac{\rho \omega^2}{G + i\omega\eta} = \frac{\rho \omega^2}{G^*} \tag{6}$$

公式（5）和公式（6）中的 k 为复合波的编号，G^* 是复合剪切模量（复数）。而频率 ω 由公式（7）表示，公式（7）中的 β 为临界阻尼比。

$$\omega = 2G\beta \tag{7}$$

相关实验表明，剪切模量 G 和临界阻尼比 β 在一定的频率范围内为常数，将复合剪切模量表示为临界阻尼比和黏度的关系式（8），G^* 可以认为与频率无关。

$$G^* = G + i\omega\eta = G(1 + 2i\beta) \tag{8}$$

根据公式（3）和公式（5）得到每一层频率为 ω 的简谐波位移公式，

如公式（9）所示。公式（9）中的第一项为 x 负向（朝上）的入射波表达式，公式中的第二项为 x 正向（朝下）的反射波表达式。

$$u(x,t) = E\mathrm{e}^{\mathrm{i}(kx+\omega t)} + F\mathrm{e}^{-\mathrm{i}(kx-\omega t)} \tag{9}$$

引入每层土的局部坐标系，m 层土顶部和底部的位移分别表示为：

$$u_m(X=0) = (E_m + F_m)\mathrm{e}^{\mathrm{i}\omega t} \tag{10}$$

$$u_m(X=h_m) = (E_m\mathrm{e}^{\mathrm{i}k_m h_m} + F_m\mathrm{e}^{-\mathrm{i}k_m h_m})\mathrm{e}^{\mathrm{i}\omega t} \tag{11}$$

水平面的剪切应力由公式（12）表达：

$$\tau(x,t) = G\frac{\partial u}{\partial x} + \eta\frac{\partial u}{\partial x \partial t} = G^*\frac{\partial u}{\partial x} \tag{12}$$

进一步根据公式（9）可得：

$$\tau(x,t) = \mathrm{i}k G_m^*(E\mathrm{e}^{\mathrm{i}kx} - F\mathrm{e}^{-\mathrm{i}kx})\mathrm{e}^{\mathrm{i}\omega t} \tag{13}$$

因此 m 土层顶部和底部的剪切应力分别由公式（14）和公式（15）表示：

$$\tau_m(X=0) = \mathrm{i}k_m G_m^*(E_m - F_m)\mathrm{e}^{\mathrm{i}\omega t} \tag{14}$$

$$\tau_m(X=h_m) = \mathrm{i}k_m G_m^*(E\mathrm{e}^{\mathrm{i}k_m h_m} - F\mathrm{e}^{-\mathrm{i}k_m h_m})\mathrm{e}^{\mathrm{i}\omega t} \tag{15}$$

根据界面处应力和位移连续的条件，由公式（10）、（11）、（14）和（15），得到：

$$E_{m+1} + F_{m+1} = E_m\mathrm{e}^{\mathrm{i}k_m h_m} + F_m\mathrm{e}^{-\mathrm{i}k_m h_m} \tag{16}$$

$$E_{m+1} - F_{m+1} = \frac{k_m G_m^*}{k_{m+1} G_{m+1}^*}(E_m\mathrm{e}^{\mathrm{i}k_m h_m} - F_m\mathrm{e}^{-\mathrm{i}k_m h_m}) \tag{17}$$

求解公式（16）和（17），得到土层 $m+1$ 层的入射波成分的层响应系数和反射波成分的层响应系数对应的 E_{m+1} 和 F_{m+1}，其中 h_m 为第 m 层的土层厚度。

$$E_{m+1} = \frac{1}{2}E_m(1+\alpha_m)\mathrm{e}^{\mathrm{i}k_m h_m} + \frac{1}{2}F_m(1-\alpha_m)\mathrm{e}^{-\mathrm{i}k_m h_m} \tag{18}$$

$$F_{m+1} = \frac{1}{2}E_m(1-\alpha_m)\mathrm{e}^{\mathrm{i}k_m h_m} + \frac{1}{2}F_m(1+\alpha_m)\mathrm{e}^{-\mathrm{i}k_m h_m} \tag{19}$$

定义阻抗比（动力刚度比）为公式（20）：

$$\alpha_m = \frac{k_m G_m^*}{k_{m+1} G_{m+1}^*} = \left(\frac{\rho_m G_m^*}{\rho_{m+1} G_{m+1}^*} \right)^{\frac{1}{2}} \qquad (20)$$

在场地的地表自由面，其剪切应力为 0，因此由公式（13）、$\tau_1 = 0$、$X_1 = 0$ 得到 $E_1 = F_1$，即在地表的反射波和入射波的幅值相等，根据递推公式得到 m 层递推公式与第一层土的关系。

$$E_m = e_m(\omega) E_1 \qquad (21)$$

$$F_m = f_m(\omega) E_1 \qquad (22)$$

对第一层土，幅值传递函数 e_1、f_1 均为 1.0。

在 n 层和 m 层之间的位移传递函数如公式（23）所示：

$$A_{n,m}(\omega) = \frac{u_m}{u_n} \qquad (23)$$

将公式（9）、（21）和（22）代入层边界位移传递函数得到：

$$A_{n,m}(\omega) = \frac{u_m}{u_n} = \frac{e_m(\omega) + f_m(\omega)}{e_n(\omega) + f_n(\omega)} \qquad (24)$$

当系统某一层的波已知时，可计算其他土层的波。

通过计算系统中每一层响应系数的 E 和 F，通过位移函数可计算得到应变和加速度，其中加速度的表达式为公式（25）：

$$\ddot{u}(x,t) = \frac{\partial^2 u}{\partial t^2} = -\omega^2 [E e^{i(kx+\omega t)} + F e^{-i(kx-\omega t)}] \qquad (25)$$

应变由公式（26）表示：

$$\gamma = \frac{\partial u}{\partial x} = ik[E e^{i(kx+\omega t)} - F e^{-i(kx-\omega t)}] \qquad (26)$$

参考文献

[1] BARTLETT S F, YOUD T L. Empirical analysis of horizontal ground displacement generated by liquefaction-induced lateral spreads[R]. Provo, Utah: Brigham Young University, 1992.

[2] SMITH J L, FALLGREN R B. Ground displacement at San Fernando Valley Juvenile Hall and the Sylmar Converter Station, in San Fernando, California, Earthquake of February 9, 1971[R]. Washington, DC: U.S. Department of Commerce, National Oceanic and Atmospheric Administration, 1973.

[3] KRAMER S L, SIDERAS S S, GREENFIELD M W, et al. Liquefaction, Ground Motions, and Pore Pressures at the Wildlife Liquefaction Array in the 1987 Superstition Hills Earthquake[C]//Geotechnical Earthquake Engineering and Soil Dynamics V: Liquefaction Triggering, Consequences, and Mitigation, June 10-13, 2018, American Society of Civil Engineers, Austin, Texas:384-402.

[4] BREBBIA C A. The Kobe earthquake: geodynamical aspects[M]// Advances in earthquake engineering: vol. 1. Boston: Computational Mechanics Publications, 1996:1-17.

[5] CUBRINOVSKI M, ROBINSON K, TAYLOR M, et al. Lateral spreading and its impacts in urban areas in the 2010-2011 Christchurch earthquakes [J]. New Zealand Journal of Geology and Geophysics, Taylor & Francis, 2012, 55(3): 255-269.

[6] EBERHARD M O, BALDRIDGE S, MARSHALL J, et al. The M_w 7.0 Haiti earthquake of January 12, 2010: USGS/EERI advance reconnaissance team report: U.S. geological survey open-file report 2010-1048 [R]. California: US Geological Survey, 2010.

[7] MENESES J. The EI Mayor-Cucapah, Baja California Earthquake April 4, 2010, an EERI reconnaissance report[R]. Oakland, California: Earthquake Engineering Research Institute, 2010.

[8]　HAMADA M, YASUDA S, ISOYAMA R, et al. Study on liquefaction-induced permanent ground displacements and earthquake damage[J]. Doboku Gakkai Ronbunshu, 1986, 1986(376): 221-229.

[9]　YOUD T L, PERKINS D M. Mapping of liquefaction severity index[J]. Journal of Geotechnical Engineering, 1987, 113(11): 1374-1392.

[10]　BARTLETT S F, YOUD T L. Empirical prediction of liquefaction-induced lateral spread[J]. Journal of Geotechnical Engineering, 1995, 121(4): 316-329.

[11]　RAUCH A F, MARTIN III J R. EPOLLS model for predicting average displacements on lateral spreads[J]. Journal of Geotechnical and Geoenvironmental Engineering, 2000, 126(4): 360-371.

[12]　BARDET J-P, TOBITA T, MACE N, et al. Regional modeling of liquefaction-induced ground deformation[J]. Earthquake Spectra, 2002, 18(1): 19-46.

[13]　YOUD T L, HANSEN C M, BARTLETT S F. Revised multilinear regression equations for prediction of lateral spread displacement[J]. Journal of Geotechnical and Geoenvironmental Engineering, 2002, 128(12): 1007-1017.

[14]　ZHANG G, ROBERTSON P K, BRACHMAN R W I. Estimating liquefaction-induced lateral displacements using the standard penetration test or cone penetration test[J]. Journal of Geotechnical and Geoenvironmental Engineering, 2004, 130(8): 861-871.

[15]　ZHANG J, ZHAO J X. Empirical models for estimating liquefaction-induced lateral spread displacement[J]. Soil Dynamics and Earthquake Engineering, 2005, 25(6): 439-450.

[16]　王斌. 地震液化大变形预测及其对高速公路工程影响研究[D]. 南京：东南大学, 2005.

[17]　FARIS A T, SEED R B, KAYEN R E, et al. A semi-empirical model for

the estimation of maximum horizontal displacement due to liquefaction-induced lateral spreading[C]//Proc. 8th US Conference on Earthquake Engineering, April 18-22, 2006. San Francisco, CA, 2006, 3: 1584-1593.

[18] FRANKE K W, KRAMER S L. Procedure for the empirical evaluation of lateral spread displacement hazard curves[J]. Journal of Geotechnical and Geoenvironmental Engineering, 2013, 140(1): 110-120.

[19] GILLINS D T, BARTLETT S F. Multilinear regression equations for predicting lateral spread displacement from soil type and cone penetration test data[J]. Journal of Geotechnical and Geoenvironmental Engineering, 2013, 140(4): 4013047.

[20] GOH A T C, ZHANG W G. An improvement to MLR model for predicting liquefaction-induced lateral spread using multivariate adaptive regression splines[J]. Engineering Geology, 2014, 170: 1-10.

[21] FINN W D L, DOWLING J, VENTURA C E. Evaluating liquefaction potential and lateral spreading in a probabilistic ground motion environment[J]. Soil Dynamics and Earthquake Engineering, 2016, 91: 202-208.

[22] 李程程, 曹振中, 李瑞山. 场地液化侧移等级判别标准及其可靠性分析[J]. 岩土工程学报, 2016, 38(9): 1668-1677.

[23] 李程程. 多尺度液化灾害区划和评估技术研究[J]. 国际地震动态, 2017(6): 31-32.

[24] 李程程, 李兆焱, 袁晓铭. 基于多元自回归样条的液化侧移灾害评估模型[J]. 地震工程学报, 2019, 41(5): 1355-1360.

[25] NEWMARK N M. Effects of earthquakes on dams and embankments[J]. Geotechnique, 1965, 15(2): 139-160.

[26] FRANKLIN A G, CHANG F K. Earthquake resistance of earth and rock-fill dams. report 5. permanent displacements of earth embankments by Newmark sliding block analysis: No.WES-MP-S-71-17-5 [R]. Army

Engineer Waterways Experiment Station Vicksburg Miss, 1977.

[27] HYNES-GRIFFIN M E, FRANKLIN A G. Rationalizing the seismic coefficient method: No.WES/MP/GL-84-13 [R]. Army Engineer Waterways Experiment Station Vicksburg Ms Geotechnical Lab, 1984.

[28] MAKDISI F I, SEED H B. Simplified procedure for estimating dam and embankment earthquake-induced deformations[C]// Proceedings of the National Symposium on Soil Erosion and Sediment by Water, December 12-13, 1977, Chicago, Illinois. New York: American Society of Civil Engineers, 1977: 849-867.

[29] AMBRASEYS N N, MENU J M. Earthquake-induced ground displacements[J]. Earthquake engineering & structural dynamics, 1988, 16(7): 985-1006.

[30] YEGIAN M K, MARCIANO E A, GHAHRAMAN V G. Earthquake-induced permanent deformations: probabilistic approach[J]. Journal of Geotechnical Engineering, 1991, 117(1): 35-50.

[31] JIBSON R W. Predicting earthquake-induced landslide displacements using Newmark's sliding block analysis[J]. Transportation research record, 1993(1411): 9-17.

[32] CAI Z, BATHURST R J. Deterministic sliding block methods for estimating seismic displacements of earth structures[J]. Soil Dynamics and Earthquake Engineering, 1996, 15(4): 255-268.

[33] KRAMER S L, SMITH M W. Modified Newmark model for seismic displacements of compliant slopes[J]. Journal of Geotechnical and Geoenvironmental Engineering, 1997, 123(7): 635-644.

[34] JIBSON R W, HARP E L, MICHAEL J A. A method for producing digital probabilistic seismic landslide hazard maps[J]. Engineering Geology, 2000, 58(3): 271-289.

[35] RATHJE E M, BRAY J D. Nonlinear coupled seismic sliding analysis of

earth structures[J]. Journal of Geotechnical and Geoenvironmental Engineering, 2000, 126(11): 1002-1014.

[36] TRAVASAROU T, BRAY J D, DER KIUREGHIAN A. A probabilistic methodology for assessing seismic slope displacements[C]// 13th World Conference on Earthquake Engineering, August 1-6, 2004, Vancouver, British Columbia, Canada: No. 2326.

[37] BRAY J D, TRAVASAROU T. Simplified procedure for estimating earthquake-induced deviatoric slope displacements[J]. Journal of Geotechnical and Geoenvironmental Engineering, 2007, 133(4): 381-392.

[38] RATHJE E M, ASCE M, SAYGILI G. Probabilistic Seismic Hazard Analysis for the Sliding Displacement of Slopes : Scalar and Vector Approaches[J]. Journal of Geotechnical and Geoenvironmental Engineering, 2008, 134(6): 804-814.

[39] CHUNG J, ROGERS J D, WATKINS C M. Estimating severity of seismically induced landslides and lateral spreads using threshold water levels[J]. Geomorphology, 2014, 204: 31-41.

[40] BAZIAR M H, DOBRY R, ELGAMAL A-W. Engineering evaluation of permanent ground deformations due to seismically induced liquefaction: MCEER Report: 92-007 [R]. Buffalo, New York: State University of New York at Buffalo, 1992.

[41] TABOADA V M, ABDOUN T, DOBRY R. Prediction of liquefaction-induced lateral spreading by dilatant sliding block model calibrated by centrifuge tests[C]//Proc., 11th World Conf. on Earthquake Engineering, June 23-28, 1996, Acapulco, Mexico. Oxford, UK: Pergamon, 1996.

[42] 景立平, 李玉亭. 砂土液化诱发地面侧移分析[J]. 东北地震研究, 1996, 12(4): 40-49.

[43] 景立平, 王绍博, 张荣祥. 砂土液化诱发的地面侧移机理研究[J]. 地

震工程与工程振动, 1996(3):128-136.

[44] TABOADA-URTUZUASTEGUI V M, DOBRY R. Centrifuge modeling of earthquake-induced lateral spreading in sand[J]. Journal of Geotechnical and Geoenvironmental engineering, American Society of Civil Engineers, 1998, 124(12): 1195-1206.

[45] TABOADA-URTUZUASTEGUI V M, VILLEGAS-RODRIGUEZ F J, HERNANDEZ-MARTINEZ F. Prediction of Lateral Displacements Induced by Liquefaction in the Port of Manzanillo, Mexico During the Earthquake of October 9, 1995[C]// International Conferences on Recent Advances in Geotechnical Earthquake Engineering and Soil Dynamics, March, 26-32, 2001. University of Missouri-Rolla: 35.

[46] 林建华, 黄群贤. 地震液化诱发地面大位移的计算分析[J]. 华侨大学学报: 自然科学版, 2004, 25(2): 156-160.

[47] 邵广彪. 近断层海底土层地震液化及侧移研究[D]. 青岛: 中国海洋大学, 2005.

[48] 冯启民, 邵广彪. 小坡度海底土层地震液化诱发滑移分析方法[J]. 岩土力学, 2005, 26(S1): 141-145.

[49] OLSON S M, JOHNSON C I. Analyzing liquefaction-induced lateral spreads using strength ratios[J]. Journal of Geotechnical and Geoenvironmental engineering, 2008, 134(8): 1035-1049.

[50] OLSON S M, STARK T D. Liquefied strength ratio from liquefaction flow failure case histories[J]. Canadian Geotechnical Journal, 2002, 39(3): 629-647.

[51] MAKDISI A J. The Applicability of sliding block analyses for the prediction of lateral spreading displacements[D]. Seattle: Univ. of Washington, 2016.

[52] GU W H, MORGENSTERN N R, ROBERTSON P K. Progressive failure of lower San Fernando dam[J]. Journal of geotechnical engineering, 1993,

119(2): 333-349.

[53] GU W H, MORGENSTERN N R, ROBERTSON P K. Postearthquake deformation analysis of Wildlife site[J]. Journal of geotechnical engineering, 1994, 120(2): 274-289.

[54] UZUOKA R, YASHIMA A, KAWAKAMI T, et al. Fluid dynamics based prediction of liquefaction induced lateral spreading[J]. Computers and Geotechnics, 1998, 22(3): 243-282.

[55] HADUSH S, YASHIMA A, UZUOKA R, et al. Liquefaction induced lateral spread analysis using the CIP method[J]. Computers and Geotechnics, 2001, 28(8): 549-574.

[56] 刘汉龙, 高玉峰, 朱伟. 地震液化区分布范围对地面大位移的影响[J]. 河海大学学报（自然科学版）, 2001, 29(5): 1-6.

[57] ELGAMAL A, YANG Z, PARRA E. Computational modeling of cyclic mobility and post-liquefaction site response[J]. Soil Dynamics and Earthquake Engineering, 2002, 22(4): 259-271.

[58] 蔡晓光. 液化土层两种机制下侧向大变形分析 [D]. 北京: 中国地震局工程力学研究所, 2004.

[59] 蔡晓光, 袁晓铭, 刘汉龙, 等. 近岸水平场地液化侧向大变形机理及软化模量分析方法[J]. 地震工程与工程振动, 2005, 25(3): 125-131.

[60] 蔡晓光, 范丽远. 地震液化引起地面侧向大变形研究评述[J]. 防灾科技学院学报, 2010(1): 11-16.

[61] SUZUKI H, TOKIMATSU K, SATO M, et al. Factor affecting horizontal subgrade reaction of piles during soil liquefaction and lateral spreading[C]//American Society of Civil Engineers, Workshop on Seismic Performance and Simulation of Pile Foundations in Liquefied and Laterally Spreading Ground. Reston, VA: 2005: 1-10.

[62] 袁晓铭, 蔡晓光. 人工岛地基液化侧移分析[C]//人水和谐及新疆水资源可持续利用——中国科协 2005 学术年会论文集. 2005: 549-553.

[63] KANIBIR A, ULUSAY R, AYDAN Ö. Assessment of liquefaction and lateral spreading on the shore of Lake Sapanca during the Kocaeli (Turkey) earthquake[J]. Engineering geology, 2006, 83(4): 307-331.

[64] 邵广彪, 王华娟. 倾斜土层地震液化诱发大变形数值分析方法[J]. 岩土力学, 2006, 27(S1): 1027-1031.

[65] 蔡晓光, 袁晓铭, 刘汉龙, 等. 近岸水平场地液化侧向大变形影响因素分析[J]. 世界地震工程, 2007, 23(2): 20-25.

[66] SEID-KARBASI M, BYRNE P M. Seismic liquefaction, lateral spreading, and flow slides: a numerical investigation into void redistribution[J]. Canadian Geotechnical Journal, 2007, 44(7): 873-890.

[67] 邵广彪, 冯启民. 海底土层地震液化破坏研究综述[J]. 自然灾害学报, 2007, 16(2): 70-75.

[68] 陈龙伟, 袁晓铭, 孙锐. 水平液化场地土表位移简化理论解答[J]. 岩土力学, 2010, 31(12): 3823-3828.

[69] MAYORAL J M, FLORES F A, ROMO M P. A simplified numerical approach for lateral spreading evaluation[J]. Geofísica internacional, 2009, 48(4): 391-405.

[70] PHILLIPS C, HASHASH Y M A, OLSON S M, et al. Significance of small strain damping and dilation parameters in numerical modeling of free-field lateral spreading centrifuge tests[J]. Soil Dynamics and Earthquake Engineering, 2012, 42: 161-176.

[71] KAMAI R, BOULANGER R W. Simulations of a centrifuge test with lateral spreading and void redistribution effects[J]. Journal of Geotechnical and Geoenvironmental Engineering, 2012, 139(8): 1250-1261.

[72] MONTASSAR S, DE BUHAN P. Numerical prediction of liquefied ground characteristics from back-analysis of lateral spreading centrifuge experiments[J]. Computers and Geotechnics, 2013, 52: 7-15.

[73] 马哲超. 人工岛动静力灾害研究[D]. 大连：大连理工大学, 2013.

[74] HOWELL R, RATHJE E M, BOULANGER R W. Evaluation of simulation models of lateral spread sites treated with prefabricated vertical drains[J]. Journal of Geotechnical and Geoenvironmental Engineering, 2014, 141(1): 4014076.

[75] 胡记磊, 唐小微, 白旭, 等. 含倾斜砂土夹层的人工岛地震液化灾害分析[J]. 大连理工大学学报, 2015, 55(5): 504-510.

[76] 胡记磊, 唐小微, 张西文. 人工岛余震再液化数值模拟研究[J]. 地震工程学报, 2015, 37(2): 403-409.

[77] MUNTER S K, BOULANGER R W, KRAGE C P, et al. Evaluation of Liquefaction-induced Lateral Spreading Procedures for Interbedded Deposits: Çark Canal in the 1999 M7.5 Kocaeli Earthquake[C]// Geotechnical Frontiers 2017. Reston, VA: American Society of Civil Engineers, 2017: 254-266.

[78] GHASEMI-FARE O, PAK A. Prediction of Lateral Spreading Displacement on Gently Sloping Liquefiable Ground[C]//Geotechnical Frontiers 2017. Reston, VA: Society of Civil Engineers, 2017: 267-276.

[79] YASUDA S, NAGASE H, KIKU H, et al. Appropriate countermeasures against permanent ground displacement due to liquefaction[C]// Proceedings of the Tenth World Conference on Earthquake Engineering. Madrid, Spain: CRC Press, 1992: 1471.

[80] SASAKI Y, TOWHATA I, TOKIDA K, et al. Mechanism of permanent displacement of ground caused by seismic liquefaction[J]. Soils and Foundations, 1992, 32(3): 79-96.

[81] OKAMURA M, ABDOUN T H, DOBRY R, et al. Effects of Sand Permeability and Weak Aftershocks on Earthquake-Induced Lateral Spreading[J]. Soils and Foundations, 2001, 41(6): 63-77.

[82] SHARP M K, DOBRY R, ABDOUN T. Liquefaction centrifuge modeling of sands of different permeability[J]. Journal of Geotechnical and

Geoenvironmental Engineering, 2003, 129(12): 1083-1091.

[83] THEVANAYAGAM S, KANAGALINGAM T, REINHORN A, et al. Laminar box system for 1-g physical modeling of liquefaction and lateral spreading[J]. Geotechnical Testing Journal, 2009, 32(5): 428-437.

[84] 刘汉龙, 周云东, 高玉峰. 砂土地震液化后大变形特性试验研究[J]. 岩土工程学报, 2002, 24(2):142-146.

[85] 周云东. 地震液化引起的地面大变形试验研究[D]. 南京: 河海大学, 2003.

[86] 孙锐, 袁晓铭, 李雨润, 等. 循环荷载下液化对土层水平往返变形的影响[J]. 西北地震学报, 2009, 31(01): 8-14.

[87] SHARP M K, DOBRY R, PHILLIPS R. CPT-based evaluation of liquefaction and lateral spreading in centrifuge[J]. Journal of Geotechnical and Geoenvironmental Engineering, 2010, 136(10): 1334-1346.

[88] OLSON S, MUSZYNSKI M, HASHASH Y, et al. Downslope Ground Movements during Liquefaction-Induced Lateral Spreading in Centrifuge Testing[C]//In Geo-Congress 2013: Stability and Performance of Slopes and Embankments Ⅲ. Reston, VA: American Society of Civil Engineers, 2013: 927-936.

[89] 汪云龙, 袁晓铭, 殷建华. 基于光纤光栅传感技术的测量模型土体侧向变形一维分布的方法[J]. 岩土工程学报, 2013, 35(10): 1908-1913.

[90] 汪云龙, 王维铭, 袁晓铭. 基于光纤光栅技术测量模型土体内侧向位移的植入梁法[J]. 岩土工程学报, 2013, 35(增刊 1): 181-185.

[91] HASHASH Y M A, DASHTI S, ROMERO M I, et al. Evaluation of 1-D seismic site response modeling of sand using centrifuge experiments[J]. Soil Dynamics and Earthquake Engineering, 2015, 78: 19-31.

[92] CHEN Y, XU C, LIU H, et al. Physical modeling of lateral spreading induced by inclined sandy foundation in the state of zero effective stress[J]. Soil Dynamics and Earthquake Engineering, 2015, 76: 80-85.

[93] WANG J, RAHMAN M S. A neural network model for liquefaction-induced horizontal ground displacement[J]. Soil Dynamics and Earthquake Engineering, 1999, 18(8): 555-568.

[94] CHIRU-DANZER M, JUANG C H, CHRISTOPHER R A, et al. Estimation of liquefaction-induced horizontal displacements using artificial neural networks[J]. Canadian Geotechnical Journal, 2001, 38(1): 200-207.

[95] 佘跃心, 刘汉龙, 高玉峰. 地震诱发的侧向水平位移神经网络预测模型[J]. 世界地震工程, 2003, 19(1): 96-101.

[96] BAZIAR M H, GHORBANI A. Evaluation of lateral spreading using artificial neural networks[J]. Soil Dynamics and Earthquake Engineering, 2005, 25(1): 1-9.

[97] JAVADI A A, REZANIA M, NEZHAD M M. Evaluation of liquefaction induced lateral displacements using genetic programming[J]. Computers and Geotechnics, 2006, 33(4): 222-233.

[98] GARCÍA S R, ROMO M P, BOTERO E. A neurofuzzy system to analyze liquefaction-induced lateral spread[J]. Soil Dynamics and Earthquake Engineering, 2008, 28(3): 169-180.

[99] LIU Z, TESFAMARIAM S. Prediction of lateral spread displacement: data-driven approaches[J]. Bulletin of Earthquake Engineering, 2012, 10(5): 1431-1454.

[100] LIU F, LI Z, LI P, et al. Liquefaction Hazard Zonation Based on a Probabilistic Model of Lateral Spread Exceeding a Pre-Defined Threshold[C]//Second International Conference on Vulnerability and Risk Analysis and Management (ICVRAM) and the Sixth International Symposium on Uncertainty, Modeling, and Analysis (ISUMA). Reston, AV: American Society of Civil Engineers, 2014: 958-968.

[101] 陆迅. 基于 MAPGIS 的岩土震害区划技术研究[D]. 哈尔滨: 中国地震局工程力学研究所, 2012.

[102] 王志华, 周恩全, 徐超. 土体液化大变形研究进展与讨论[J]. 南京工业大学学报 (自然科学版), 2012, 34(5): 143-148.

[103] 郑晴晴, 夏唐代, 刘芳. 基于震害调查数据的液化侧向变形预测模型框架[J]. 地震工程学报, 2014, 36(3): 504-509.

[104] KHOSHNEVISAN S, JUANG H, ZHOU Y G, et al. Probabilistic assessment of liquefaction-induced lateral spreads using CPT-Focusing on the 2010-2011 Canterbury earthquake sequence[J]. Engineering Geology, 2015, 192: 113-128.

[105] KAYA Z. Predicting Liquefaction-induced lateral spreading by using neural network and neuro-fuzzy techniques[J]. International Journal of Geomechanics, 2016, 16(4): 04015095.

[106] EKSTROM L T, FRANKE K W. Simplified procedure for the performance-based prediction of lateral spread displacements[J]. Journal of Geotechnical and Geoenvironmental Engineering, 2016, 142(7): 04016028.

[107] 胡记磊. 基于贝叶斯网络的地震液化风险分析模型研究[D]. 大连: 大连理工大学, 2016.

[108] 张政, 胡记磊, 刘华北. 基于贝叶斯网络的缓坡场地震液化侧移评估: 以台湾集集地震为例[J]. 自然灾害学报, 2018, 27(6): 127-132.

[109] 李程程, 袁晓铭, 曹振中, 等.基于3D GIS的液化侧移区划新方法[J]. 振动与冲击, 2018, 37(23): 204-212.

[110] National Academies of Sciences, Engineering and Medcine. State of the Art and Practice in the Assessment of Earthquake-Induced Soil Liquefaction and Its Consequences[M]. Washington DC: The National Academies Press, 2016.

[111] SEED H B. Design problems in soil liquefaction[J]. Journal of Geotechnical Engineering, American Society of Civil Engineers, 1987, 113(8): 827-845.

[112] SEED R B, HARDER L F. SPT-based analysis of cyclic pore pressure generation and undrained residual strength[C]//H. Bolton Seed Memorial Symposium Proceedings, May, 1990, University of California, Berkeley. Vancouver BC: BiTech Publishers, 1990, 2: 351-376.

[113] IDRISS I M. Evaluation of Liquefaction Potential and Consequences: Historical Perspective and Updated Procedures[C]//Presentation Notes, 3rd Short Course on Evaluation and Mitigation of Earthquake Induced Lique-faction Hazards, March 13-14, San Francisco, 1997: 16.

[114] STARK T D, MESRI G. Undrained shear strength of liquefied sands for stability analysis[J]. Journal of Geotechnical Engineering, 1992, 118(11): 1727-1747.

[115] IDRISS I M, BOULANGER R W. SPT-and CPT-based relationships for the residual shear strength of liquefied soils[M]//Earthquake Geotechnical Engineering, Geotechnical, Geological and Earthquake Engineering. Dordrecht: Springer, 2007: 1-22.

[116] ROBERTSON P K. Evaluation of flow liquefaction and liquefied strength using the cone penetration test[J]. Journal of Geotechnical and Geoenvironmental Engineering, 2010, 136(6): 842-853.

[117] KRAMER S L. Evaluation of liquefaction hazards in Washington State: WA-RD 668.1 [R]. Seattle: Washington State Department of Transportation, Office of Research and Library Services, 2008.

[118] KRAMER S L, WANG C H. Empirical model for estimation of the residual strength of liquefied soil[J]. Journal of Geotechnical and Geoenvironmental Engineering, 2015, 141(9): 4015038.

[119] WEBER J P. Engineering evaluation of post-liquefaction strength[D]. Berkeley: University of California, 2015.

[120] KAVAZANJIAN E, WANG J, MARTIN G, et al. LRFD Seismic Analysis and Design of Transportation Geotechnical Features and

Structural Foundations (FHWA-NHI-11-032)[R]. Washington DC: National Highway Institute, 2011.

[121] SEYHAN E, STEWART J P, ANCHETA T D, et al. NGA-West2 site database[J]. Earthquake Spectra, 2014, 30(3): 1007-1024.

[122] BENNETT M J. Liquefaction analysis of the 1971 ground failure at the San Fernando Valley Juvenile Hall, California[J]. Bull Assoc Eng Geol, 1989, 26(2): 209-226.

[123] CASTRO G. Empirical methods in liquefaction evaluation[C]// Proceedings of the 1st Annual Leonardo Zeevaert International Conference, Mexico City, 1995: 1-41.

[124] YOUD T L, BENNETT M J. Liquefaction sites, Imperial Valley, California[J]. Journal of Geotechnical Engineering, 1983, 109(3): 440-457.

[125] ANDRUS R D, YOUD T L. Subsurface Investigation of a Liquefaction-Induced Lateral Spread, Thousand Springs Valley, Idaho[R]. Provo, Utah: Brigham Young Univ Provo Ut Dept of Civil Engineering, 1987.

[126] HOLZER T L, YOUD T L, HANKS T C. Dynamics of liquefaction during the 1987 Superstition Hills, California, earthquake[J]. Science, 1989, 244(4900): 56-59.

[127] BOULANGER R W, WILSON D W, IDRISS I M. Examination and reevalaution of spt-based liquefaction triggering case histories[J]. Journal of Geotechnical and Geoenvironmental Engineering, 2011, 138(8): 898-909.

[128] IDRISS I M, BOULANGER R W. SPT-based liquefaction triggering procedures[R]. Davis, California: Center of Geotechnical Modeling. Dept of Civil and Engineering, 2010:2.

[129] BOULANGER R W, MEJIA L H, IDRISS I M. Liquefaction at Moss landing during Loma Prieta earthquake[J]. Journal of Geotechnical and

Geoenvironmental Engineering, 1997, 123(5): 453-467.

[130] MEJIA L H. Liquefaction at Moss Landing[M]//The Loma Prieta, California, Earthquake of October 17, 1989: Liquefaction. Denver, Colorado: US Geological Survey, 1989: 129-150.

[131] CHARLIE W A, DOEHRING D O, BRISLAWN J P, et al. Direct measurement of liquefaction potential in soils of Monterey County, California[M]//The Loma Prieta, California, Earthquake of October 17, 1989: Liquefaction. Denver, Colorado: US Geological Survey, 1989: 181-222.

[132] POWER M S, EGAN J A, SHEWBRIDGE S E, et al. Analysis of liquefaction-induced damage on Treasure Island[M]//The Loma Prieta, California, Earthquake of October 17, 1989: Liquefaction. Denver, Colorado: US Geological Survey, 1989: 87-120.

[133] YEGIAN M K, GHAHRAMAN V G, NOGOLE-SADAT M A A, et al. Liquefaction during the 1990 Manjil, Iran, earthquake, II: Case history analyses[J]. Bulletin of the Seismological Society of America, 1995, 85(1): 83-92.

[134] HOLZER T L, BENNETT M J, PONTI D J, et al. Liquefaction and soil failure during 1994 Northridge earthquake[J]. Journal of Geotechnical and Geoenvironmental Engineering, 1999, 125(6): 438-452.

[135] CHU D B, STEWART J P, YOUD T L, et al. Liquefaction-induced lateral spreading in near-fault regions during the 1999 Chi-Chi, Taiwan earthquake[J]. Journal of geotechnical and geoenvironmental engineering, 2006, 132(12): 1549-1565.

[136] CETIN K O, YOUD T L, SEED R B, et al. Liquefaction-induced ground deformations at Hotel Sapanca during Kocaeli (Izmit), Turkey earthquake[J]. Soil Dynamics and Earthquake Engineering, 2002, 22(9): 1083-1092.

[137] CETIN K O, YOUD T L, B. S R, et al. Liquefaction-Induced Lateral Spreading at Izmit Bay During the Kocaeli (Izmit)-Turkey Earthquake[J]. Journal of Geotechnical and Geoenvironmental Engineering, 2004, 130(12): 1300-1313.

[138] ROCSCIENCE. Slide V5.0-2D limit equilibrium slope stability analysis[CP]. Toronto: 2005.

[139] JIBSON R W, RATHJE E M, JIBSON M W, et al. SLAMMER: Seismic Landslide Movement Modeled using Earthquake Records[R]. Reston, Virginia, US: US Geological Survey, 2013.

[140] CHIOU B, DARRAGH R, GREGOR N, et al. NGA project strong-motion database[J]. Earthquake Spectra, 2008, 24(1): 23-44.

[141] BRUNEAU M, BUCKLE I G, CHANG S E, et al. The Chi-Chi, Taiwan Earthquake of September 21, 1999: Reconnaissance Report[R]. New York: University at Buffalo, 2000.

[142] CHRISTOPHER B R, SCHWARTZ C W, BOUDREAU R L. Geotechnical aspects of pavements: Reference manual[M]. Washington, D.C., US: US Department of Transportation, Federal Highway Administration, 2010: 192-194.

[143] ORTIZ J M R, GESTA J S, MAZO C O. Curso aplicado de cimentaciones[M]. Madrid, Spain: Servicio de Publicaciones del Colegio Oficial de Arquitectos de Madrid, 1986.

[144] SCHNABEL P, SEED H B, LYSMER J. Modification of seismograph records for effects of local soil conditions[J]. Bulletin of the Seismological Society of America, 1972, 62(6): 1649-1664.

[145] ORDONEZ G A. User's manual of SHAKE-2000S: A computer program for the 1D analysis of geotechnical earthquake engineering problems[M]. Costa Mesa, California: GeoMotions LLC, 2000.

[146] BARDET J P, ICHII K, LIN C H. EERA: a computer program for

equivalent-linear earthquake site response analyses of layered soil deposits[R]. Los Angeles, California: University of Southern California. Department of Civil Engineering, 2000.

[147] HASHASH Y M, MUSGROVE M I, HARMON J A, et al. Deepsoil 6.0 User Manual [R]. Urbana, IL: Board of Trustees of University of Illinois at Urbana-Champaign, 2016.

[148] KOTTKE A R, RATHJE E M. Technical manual for Strata[R]. Berkeley, California: University of California, Berkeley, 2008.

[149] 李小军. 一维土层地震反应线性化计算程序[M]//廖振鹏. 地震小区划：理论与实践. 北京: 地震出版社, 1989: 250-265.

[150] 廖振鹏, 李小军. 地表土层地震反应的等效线性化解法[M] //廖振鹏. 地震小区划：理论与实践. 北京: 地震出版社, 1989: 141-153.

[151] 袁晓铭, 李瑞山, 孙锐. 新一代土层地震反应分析方法[J]. 土木工程学报, 2016, 49(10): 95-102; 122.

[152] 齐文浩, 薄景山. 土层地震反应等效线性化方法综述[J]. 世界地震工程, 2007, 23(4): 221-226.

[153] YOUD T L, CARTER B. Influence of soil softening and liquefaction on response spectra for bridge design: UT-03.07 [R]. Salt Lake City, Utah: Utah Department of Transportation, 2003

[154] VUCETIC M, DOBRY R. Effect of soil plasticity on cyclic response[J]. Journal of Geotechnical Engineering, 1991, 117(1): 89-107.

[155] DARENDELI M B. Development of a new family of normalized modulus reduction and material damping curves[D]. Austin: The University of Texas at Austin, 2001.

[156] EPRI. Guidelines for site specific ground motions[R]. Palo Alto: California Electric Power Research Institute, 1993.

[157] BOZORGNIA Y, ABRAHAMSON N A, ATIK L Al, et al. NGA-West2 research project[J]. Earthquake Spectra, 2014, 30(3): 973-987.

[158] MIURA K, KOBAYASHI S, YOSHIDA N. Equivalent linear analysis considering large strains and frequency dependent characteristics[C]// Proceedings 12th World Conference on Earthquake Engineering, 30 January-4 February, 2000, Auckland, New Zealand. Upper Hutt, New Zealand: New Zealand Society for Earthquake Engineering, 2000: Paper. 1832.

[159] DAFALIAS Y F, MANZARI M T. Simple plasticity sand model accounting for fabric change effects[J]. Journal of Engineering Mechanics, 2004, 130(6): 622-634.

[160] VYTINIOTIS A. Contributions to the analysis and mitigation of liquefaction in loose sand slopes[D]. Cambridge, Massachusetts: Massachusetts Institute of Technology, 2011.

[161] PUEBLA H, BYRNE P M, PHILLIPS R. Analysis of CANLEX liquefaction embankments: prototype and centrifuge models[J]. Canadian Geotechnical Journal, 1997, 34(5): 641-657.

[162] BEATY M, BYRNE P M. An effective stress model for predicting liquefaction behaviour of sand[C]//Geo-Institute Specialty Conference on Geotechnical Earthquake Engineering and Soil Dynamics. Reston, VA: American Society of Civil Engineers, 1998, 1(75): 766-777.

[163] 丰土根. 饱和砂土不排水动力特性及多机构边界面塑性模型研究[D]. 南京: 河海大学, 2002.

[164] 张建民, 王刚. 统一描述饱和砂土初始液化前后应力应变响应的本构模型[C]//中国土木工程学会第九届土力学及岩土工程学术会议论文集 (下册). 2003.

[165] 李月. 不排水剪切条件下饱和砂土变形特性及其本构模型的试验研究[D]. 大连理工大学, 2004.

[166] BYRNE P M, PARK S-S, BEATY M, et al. Numerical modeling of liquefaction and comparison with centrifuge tests[J]. Canadian

Geotechnical Journal, 2004, 41(2): 193-211.

[167] 张建民, 王刚. 评价饱和砂土液化过程中小应变到大应变的本构模型(英文)[J]. 岩土工程学报, 2004, 26(4): 546-552.

[168] 王刚. 砂土液化后大变形的物理机制与本构模型研究[D]. 北京: 清华大学, 2005.

[169] 王刚, 张建民. 砂土液化大变形的弹塑性循环本构模型[J]. 岩土工程学报, 2007, 29(1): 51-59.

[170] 许成顺. 复杂应力条件下饱和砂土剪切特性及本构模型的试验研究[D]. 大连: 大连理工大学, 2006.

[171] 王星华, 王建, 周海林. 砂土液化本构模型的试验研究[J]. 中国铁道科学, 2007, 28(6): 1-6.

[172] 黄茂松. 基于组构张量的砂土各向异性本构模型[C]//中国力学学会, 郑州大学.中国力学学会学术大会 2009 论文摘要集. 2009: 1.

[173] 徐舜华, 郑刚, 徐光黎. 循环荷载下砂土的剪切硬化边界面本构模型[J]. 岩土力学, 2010, 31(1): 1-8.

[174] 童朝霞, 张建民, 张嘎. 考虑应力主轴循环旋转效应的砂土弹塑性本构模型[J]. 岩石力学与工程学报, 2009, 28(9): 1918-1927.

[175] TSEGAYE A B. Liquefaction Model UBC3D[R]. Delft, Netherlands: PLAXIS, 2010.

[176] 王富强. 自然排水条件下砂土液化变形规律与本构模型研究[D]. 北京: 清华大学, 2010.

[177] 侯悦琪. 砂土本构关系与 LS-DYNA 二次开发应用[D]. 上海: 上海交通大学, 2011.

[178] 庄海洋, 陈国兴. 砂土液化大变形本构模型及在 ABAQUS 软件上的实现[J]. 世界地震工程, 2011, 27(2): 45-50.

[179] 庄海洋, 黄春霞, 左玉峰. 某砂土液化大变形本构模型参数的敏感性分析[J]. 岩土力学, 2012, 33(1): 280-286.

[180] 王睿, 张建民, 王刚. 砂土液化大变形本构模型的三维化及其数值

实现[J]. 地震工程学报, 2013, 35(1): 91-97.

[181] PETALAS A, GALAVI V. Plaxis Liquefaction Model UBC3DPLM[R]. Delft, Netherlands: PLAXIS, 2013.

[182] SHRIRO M, BRAY J D. Calibration of numerical model for liquefaction-induced effects on levees and embankments[C]//International Conference on Case Histories in Geotechnical Engineering, April 29- May 4, 2013, Chicago, Illinois. Rolla, Missouri: Missouri University of Science and Technology, 2013.

[183] 白旭, 唐小微, 刘文化, 等.含黏粒砂土的循环弹塑性本构模型及其动力数值研究[J]. 地震工程学报, 2014, 36(3): 516-524.

[184] 周恩全, 王志华, 陈国兴, 等. 饱和砂土液化后流体本构模型研究[J]. 岩土工程学报, 2015, 37(1): 112-118.

[185] 赵春雷. 饱和砂土基于相变状态的循环本构模型的研究[D]. 北京：北京交通大学, 2015.

[186] 赵春雷, 蔡国庆, 赵成刚, 等. 饱和砂土的循环边界面本构模型[J]. 固体力学学报, 2017(3): 244-252.

[187] 郑浩. 砂土动力本构模型及核电站取水结构抗震性能研究[D]. 杭州：浙江大学, 2016.

[188] 潘坤, 杨仲轩. 不规则动荷载作用下砂土孔压特性试验研究[J]. 岩土工程学报, 2017, 39(S1): 79-84.

[189] 潘坤. 复杂静动力加载条件下各向异性砂土试验研究与本构模拟[D]. 杭州：浙江大学, 2018.

[190] 邹佑学, 王睿, 张建民. 砂土液化大变形模型在 FLAC3D 中的开发与应用[J]. 岩土力学, 2018, 39(4): 1525-1534.

[191] 董建勋, 刘海笑, 李洲. 适用于砂土循环加载分析的边界面塑性模型[J]. 岩土力学, 2019, 40(2): 684-692.

[192] BOULANGER R W. A sand plasticity model for earthquake engineering applications[R]. Davis, California, US: University of California, Davis,

2010.

[193] BOULANGER R W, ZIOTOPOULOU K. PM4Sand (Version 2): A sand plasticity model for earthquake engineering applications[R]. Davis, California, US: University of California, Davis, 2012.

[194] ZIOTOPOULOU K, BOULANGER R W. Plasticity modeling of liquefaction effects under sloping ground and irregular cyclic loading conditions[J]. Soil Dynamics and Earthquake Engineering, 2016, 84: 269-283.

[195] ZIOTOPOULOU K, BOULANGER R W. Plasticity modeling of liquefaction effects under sloping ground and irregular cyclic loading conditions[J]. Soil Dynamics and Earthquake Engineering, 2016, 84: 269-283.

[196] BOULANGER R W, MONTGOMERY J. Nonlinear deformation analyses of an embankment dam on a spatially variable liquefiable deposit[J]. Soil Dynamics and Earthquake Engineering, 2016, 91: 222-233.

[197] BOULANGER R W, IDRISS I M. Evaluating the potential for liquefaction or cyclic failure of silts and clays. Rep No: UCD/CGM-04/01[R]. Davis, California: Center of Geotechnical Modeling. Dept of Civil and Engineering, 2004.

[198] BOULANGER R W, IDRISS I M. Liquefaction susceptibility criteria for silts and clays[J]. Journal of geotechnical and Geoenvironmental Engineering, 2006, 132(11): 1413-1426.

[199] POWER M S, EGAN J A, TRAUBENIK M L, et al. Liquefaction at Naval Station Treasure Island and design of mitigating measures[C]// Proceedings, Second Interagency Symposium on Stabilization of Soils and Other Materials, November 2-5, 1992, Metairie, Louisiana: 2. Springfiled: US Department of Commerce, 1992: 15-40.

[200] ROLLINS K M, MCHOOD M D, HRYCIW R D, et al. Ground response on Treasure Island[M]//The Loma Prieta, California, Earthquake of October 17, 1989-Strong Ground Motion. Denver, Colorada: US Geological Survey, 1989: 109-122.

[201] BORCHERDT R D. The Loma Prieta, California, Earthquake of October 17, 1989: Strong Ground Motion[R]. Denver, Colorada: US Geological Survey, 1994.

[202] IDRISS I M, BOULANGER R W. Soil Liquefaction during earthquake[M]. Oakland, CA: Earthquake Engineering Research Institute, 2008.

[203] ITASCA. Fast Lagrangian Analysis of Continua, Ver 7.0[R]. Minneapolis: Itasca Consulting Group Inc, 2011.

[204] BOULANGER R W, ZIOTOPOULOU K. PM4SAND (Version 3): A sand plasticity model for earthquake engineering applications[R]. Davis, California, US: University of California, Davis, 2015.

[205] INAGAKI H, IAI S, SUGANO T, et al. Performance of caisson type quay walls at Kobe port[J]. Soils and foundations, 1996, 36(Special): 119-136.

[206] HOLZER T L, BENNETT M J. Geologic and hydrogeologic controls of boundaries of lateral spreads: Lessons from USGS liquefaction case histories[C]//First North American Landslide Conference, The Association of Environmental and Engineering Geologists Vail, Colorado, USA, June 3-8, 2007. Madison, Wisconsin: Omnipress, 2007, 23: 502-522.

[207] LIN C C. Study on lateral spreads in Wufeng, Taiwan during the September 21, 1999 Chi-Chi earthquake[D]. Taizhong, Taiwan, China: Chung Hsing Unversity, 2002.

[208] SHIBATA T, OKA F, OZAWA Y. Characteristics of ground deformation

due to liquefaction[J]. Soils and Foundations, 1996, 36(Special): 65-79.

[209] YANG D-S. Deformation-based seismic design models for waterfront structures[D]. Corvallis, Oregon: Oregon State University, 1999.

[210] CHING J-Y, GLASER S D. 1D time-domain solution for seismic ground motion prediction[J]. Journal of Geotechnical and Geoenvironmental Engineering, 2001, 127(1): 36-47.

[211] BENNETT M J, MCLAUGHLIN P V, SARMIENTO J S, et al. Geotechnical investigation of liquefaction sites, Imperial Valley, California: Open-File Report 84-252 [R]. California, US: US Geological Survey, 1984.

[212] ZIOTOPOULOU AI K. Evaluating model uncertainty against strong motion records at liquefiable sites[D]. Davis: University of California, Davis, 2010.

[213] IDRISS I M, SUN J I. SHAKE91: A computer program for conducting equivalent linear seismic response analyses of horizontally layered soil deposits[R]. California: University of California. Department of Civil and Environmental Engineering. Center for Geotechnical Modeling, 1992.

[214] YOSHIDA N, SUETOMI I. DYNEQ: a computer program for dynamic analysis of level ground based on equivalent linear method[R]. Sendai, Japan: Reports of Engineering Research Institute, Sato Kogyo Co, Ltd, 1996: 61-70.

[215] RATHJE E M, OZBEY M C. Site-specific validation of random vibration theory-based seismic site response analysis[J]. Journal of Geotechnical and Geoenvironmental engineering, 2006, 132(7): 911-922.

[216] 蒋通, 邢海灵. 水平土层地震反应分析考虑频率相关性的等效线性化方法[J]. 岩土工程学报, 2007, 29(2): 218-224.

[217] YANG J, YAN X R. Site response to multi-directional earthquake loading: a practical procedure[J]. Soil Dynamics and Earthquake Engineering, 2009, 29(4): 710-721.

[218] 邢海灵, 蒋通, 姚东生, 等. 成层场地由基岩反应谱直接计算地表反应谱的等效线性化方法[J]. 岩土工程学报, 2012, 34(12): 2337-2344.

[219] LASLEY S J, GREEN R A, RODRIGUEZ-MAREK A. Comparison of equivalent-linear site response analysis software[C]//Proc, 10th US National Conf on Earthquake Engineering, July 21-25, 2014, Anchorage, Alaska. Oakland, California: Earthquake Engineering Research Institute, 2014.

[220] 于啸波, 孙锐, 陈龙伟. 弱非线性下两种程序对不同类别场地地震反应的对比[J].地震工程学报, 2014, 36(3): 532-539.

[221] 李晓飞, 孙锐, 袁晓铭, 等. 现有等效线性化分析程序在实际软场地计算结果方面的比较[J]. 自然灾害学报, 2015, 24(4): 56-62.

[222] 李瑞山, 袁晓铭, 李程程. 中硬场地下两种土层地震反应方法与精确解的对比[J]. 地震工程学报, 2015, 37(2): 565-570; 584.

[223] 李瑞山, 袁晓铭, 李程程. 基于黏弹性解的土层地震反应分析程序 LSSRLI-1 和 SHAKE2000 的对比[J]. 地震工程与工程振动, 2015, 35(3): 17-27.

[224] 陈学良, 金星, 高孟潭. 近场速度脉冲场地响应等效线性分析的适用条件[J]. 哈尔滨工程大学学报, 2015, 36(8): 1049-1056.

[225] MIRSHEKARI M, GHAYOOMI M. Simplified equivalent linear and nonlinear site response analysis of partially saturated soil layers[C]// International Foundations Congress and Equipment Expo 2015, March 17-21, 2015, San Antonio, Texas. Reston, Virginia: American Society of Civil Engineers: 2131-2140.

[226] ZALACHORIS G, RATHJE E M. Evaluation of one-dimensional site response techniques using borehole arrays[J]. Journal of Geotechnical

and Geoenvironmental Engineering, 2015, 141(12): 4015053.

[227] BOUCKOVALAS G D, TSIAPAS Y Z, ZONTANOU V A, et al. Equivalent linear computation of response spectra for liquefiable sites: the spectral envelope method[J]. Journal of Geotechnical and Geoenvironmental Engineering, 2016, 143(4): 4016115.

[228] 张季, 梁建文, 巴振宁. 水平层状饱和场地地震响应分析的等效线性化方法[J]. 工程力学, 2016, 33(10): 52-61.

[229] KUMAR A, MONDAL J K. Newly developed MATLAB based code for equivalent linear site response analysis[J]. Geotechnical and Geological Engineering, 2017, 35(5): 2303-2325.

[230] 中国地震局工程力学研究所. 新一代土层地震反应分析方法的首次工程应用——濮阳市黄河公路大桥抗震设计谱"矮粗胖"问题的解决[J].地震工程与工程振动,2017,37(6):184-185.

[231] 李瑞山. 新一代土层地震反应分析方法研究[D]. 哈尔滨：中国地震局工程力学研究所, 2016.

[232] 李瑞山. 新一代土层地震反应分析方法研究[J]. 国际地震动态, 2017(7): 41-42.

[233] ASTROZA R, PASTÉN C, OCHOA-CORNEJO F. Site response analysis using one-dimensional equivalent-linear method and Bayesian filtering[J]. Computers and Geotechnics, 2017, 89: 43-54.

[234] 张如林, 张志伟. 土层场地地震反应时域分析中等效线性化方法研究[J]. 工业建筑, 2018, 48(1): 109-113.

[235] HASHASH Y M A, PARK D. Non-linear one-dimensional seismic ground motion propagation in the Mississippi embayment[J]. Engineering Geology, 2001, 62(1-3): 185-206.

[236] BORJA R I, DUVERNAY B G, LIN C-H. Ground response in Lotung: total stress analyses and parametric studies[J]. Journal of Geotechnical and Geoenvironmental Engineering, 2002, 128(1): 54-63.

[237] 金星, 孔戈, 丁海平. 水平成层场地地震反应非线性分析[J]. 地震工程与工程振动, 2004, 24(3): 38-43.

[238] 陈国兴, 庄海洋. 基于 Davidenkov 骨架曲线的土体动力本构关系及其参数研究[J]. 岩土工程学报, 2005, 27(8): 860-864.

[239] 甘杨, 李凡, 李大华. 一维土层非线性地震反应分析的解析递推格式法[J]. 吉林大学学报(地球科学版), 2006(4): 631-635.

[240] LO PRESTI D C, LAI C G, PUCI I. ONDA: Computer code for nonlinear seismic response analyses of soil deposits[J]. Journal of Geotechnical and Geoenvironmental Engineering, 2006, 132(2): 223-236.

[241] 李大为. 基于有效应力原理的一维土层非线性地震反应分析[D]. 哈尔滨: 中国地震局工程力学研究所, 2008.

[242] 齐文浩, 王振清, 薄景山. 土层非线性地震反应分析方法及其检验[J]. 哈尔滨工程大学学报, 2010, 31(4): 444-450.

[243] 齐文浩. 土层非线性地震反应分析方法研究[D]. 哈尔滨: 中国地震局工程力学研究所, 2008.

[244] 王伟. 场地地震反应的非线性效应分析及计算方法改进[D]. 哈尔滨: 中国地震局工程力学研究所, 2008.

[245] WANG Z-L, CHANG C Y, CHIN C C. Hysteretic damping correction and its effect on non-linear site response analyses[C]//Geotechnical Earthquake Engineering and Soil Dynamics IV, May 18-22, 2008, Sacramento, California. Reston, VA: American Society of Civil Engineers, 2008: 1-10.

[246] 卢滔, 周正华, 霍敬妍. 土层非线性地震反应一维时域分析[J]. 岩土力学, 2008, 29(8): 2170-2176.

[247] 尤红兵, 赵凤新, 荣棉水. 地震波斜入射时水平层状场地的非线性地震反应[J]. 岩土工程学报, 2009, 31(2): 234-240.

[248] 丁玉琴. 场地非线性地震反应分析方法及其应用研究[D]. 重庆大学,

2010.

[249] 兰景岩, 刘红帅, 吕悦军. 渤海土类动力非线性参数及合理性[J]. 哈尔滨工程大学学报, 2012, 33(9): 1079-1085.

[250] 陈雷, 陈清军. 不同类型地震波作用下非线性场地的行波效应分析[J]. 佳木斯大学学报（自然科学版）, 2013, 31(4): 516-521.

[251] 王振华, 马宗源, 党发宁. 等效线性和非线性方法土层地震反应分析对比[J]. 西安理工大学学报, 2013, 29(4): 421-427.

[252] YEE E, STEWART J P, TOKIMATSU K. Elastic and large-strain nonlinear seismic site response from analysis of vertical array recordings[J]. Journal of Geotechnical and Geoenvironmental Engineering, 2013, 139(10): 1789-1801.

[253] 鄢兆伦. 场地非线性地震响应特征线解及淤泥土特性研究[D]. 北京: 中国地震局地球物理研究所, 2014.

[254] 陈万山, 赵瑞斌, 吕丽华. 天津滨海软土一维场地地震反应非线性分析研究[J]. 天津城建大学学报, 2014, 20(1): 8-12.

[255] 朱传彬, 张建经. SH 波斜入射盆地地表的时域非线性地震反应分析[J]. 地下空间与工程学报, 2014, 10(4): 834-841.

[256] 潘蓉, 李小军, 胡勐乾. 实际地震下核电站场地地震反应非线性研究[J]. 工业建筑, 2014, 44(S1): 608-612; 620.

[257] BHUIYAN M H A. Application of Nonlinear Site Response Analysis in Coastal Plain South Carolina[D]. Clemson, South Carolina: Clemson University, 2015.

[258] RAVICHANDRAN N, KRISHNAPILLAI S H, BHUIYAN A H, et al. Simplified finite-element model for site response analysis of unsaturated soil profiles[J]. International Journal of Geomechanics, 2015, 16(1): 4015036.

[259] 王龙, 常素萍, 陈国兴. 修正 Matasovic 本构模型在 ABAQUS 软件中的实现[J]. 地震工程与工程振动, 2015(6): 121-128.

[260] 张海, 王震, 周泽辉, 等. 基于 DEEPSOIL 的软土场地地震反应研究[J]. 震灾防御技术, 2015, 10(2): 291-304.

[261] 王笃国, 赵成刚. 地震波斜入射时二维成层介质自由场求解的等效线性化方法[J]. 岩土工程学报, 2016, 38(3): 554-561.

[262] 侯春林, 李小军, 潘蓉, 等. 地震动持时对核岛结构设计地基场地非线性地震响应影响分析[J]. 工业建筑, 2016, 46(10): 9-12.

[263] 梁建文, 梁佳利, 张季, 等. 深厚软土场地中三维凹陷地形非线性地震响应分析[J]. 岩土工程学报, 2017, 39(7): 1196-1205.

[264] 龚彩云, 陈国兴, 朱姣, 等. 本构模型特性对深厚场地非线性地震反应的影响[J]. 防灾减灾工程学报, 2018, 38(3): 448-457.

[265] 胡庆, 杨钢, 汤勇, 等. 淤泥质软弱表土对场地地震反应的影响[J]. 工程抗震与加固改造, 2019, 41(4): 87-92.

[266] 韩蓬勃. 一维时域非线性场地地震反应分析程序 CHARSOIL 的改进[D]. 廊坊: 防灾科技学院, 2019.

[267] 陈国兴, 朱翔, 赵丁凤, 等. 珊瑚岛礁场地非线性地震反应特征分析[J]. 岩土工程学报, 2019, 41(3): 405-413.

[268] GEOMOTIONS L L C. D-MOD2000, A Computer Program for Seismic Response Analysis of Horizontally Layered Soil Deposit, Earthfill Dams, and Solid Waste Landfills[R]. Lacey, Washington: Geomotions L L C, 2007.

[269] LEE M K W, FINN W D L. DESRA-2: Dynamic effective stress response analysis of soil deposits with energy transmitting boundary including assessment of liquefaction potential[R]. Vancouver: University of British Columbia. Department of Civil Engineering, 1978.

[270] KONDER R L, ZELASKO J S. A hyperbolic stress-strain formulation for sands[C]//Proceedings of 2nd Pan American conference on soil mechanics and foundation engineering, July, 1963. San Paulo, Brazil, 1963: 289-324.

[271] MATASOVIĆ N, VUCETIC M. Cyclic characterization of liquefiable sands[J]. Journal of Geotechnical Engineering, 1993, 119(11): 1805-1822.

[272] SEED H B, IDRISS I M. Soil moduli and damping factors for dynamic response analyses: Report No. EERC 70-10 [R]. Berkley, California: Earthquake Engineering Resource Center, 1970: 1-15.

[273] MADABHUSHI S P G. Strong motion at Port Island during the Kobe earthquake[R]. Cambridge: University of Cambridge. Department of Engineering, 1995.

[274] SEED H B, WONG R T, IDRISS I M, et al. Moduli and damping factors for dynamic analyses of cohesionless soils[J]. Journal of Geotechnical Engineering, 1986, 112(11): 1016-1032.

[275] IDRISS I M, BOULANGER R W. 2nd Ishihara Lecture: SPT-and CPT-based relationships for the residual shear strength of liquefied soils[J]. Soil Dynamics and Earthquake Engineering, 2015, 68: 57-68.

[276] MATASOVIĆ N, KAVAZANJIAN E, GIROUD J-P. Newmark Seismic Deformation Analysis for Geosynthetic Covers[J]. Geosynthetics International, 1998, 5(1-2): 237-264.